Office 2010
中文版实例教程

高海霞　编著

上海科学普及出版社

图书在版编目（CIP）数据

Office 2010中文版实例教程／高海霞编著.—上海：
上海科学普及出版社，2012.1
ISBN 978-7-5427-4981-9

I.①O... II.①高... III.①办公自动化－应用软
件，Office 2010－教材 IV.① TP317.1

中国版本图书馆 CIP 数据核字（2011）第 090169 号

策 划 胡名正
责任编辑 徐丽萍

Office 2010中文版实例教程
高海霞 编著
上海科学普及出版社出版发行
（上海中山北路 832 号 邮政编码 200070）
http://www.pspsh.com

各地新华书店经销 三河市德利印刷有限公司印刷
开本 787 × 1092 1/16 印张 20 字数 450000
2012 年 1 月第 1 版 2012 年 1 月第 1 次印刷

ISBN 978-7-5427-4981-9 定价：32.00 元

前　　言

　　Office 2010是Microsoft公司继Office 2007之后新推出的一款套装办公软件。和以往的Office软件相比，它卓越的文本处理功能、数据分析系统以及超强的动感文稿制作超越了以往的各个版本，使它推出后就受到用户的喜爱与推崇，更使用户获得空前便捷的办公体验。

　　本书全面介绍了Office 2010的基础知识以及Word、Excel、PowerPoint这三大软件的操作知识，囊括了Office 2010的安装、主要组件界面和基础操作；Word 2010的基础操作、文本段落设置、图片处理、表格应用；Excel 2010的数据输入、格式设置、公式函数的应用、数据分析对比、图表展示；PowerPoint 2010的文稿制作、风格设置、动画效果、放映与发布等知识。

　　本书内容丰富，注重理论与实例相结合，语言浅显易懂、可操作性强、学习起来简单容易。同时，每章最后将通过上机练习来帮助读者巩固所学知识。

　　本书适合Office 2010初、中级用户，公司办公人员、即将步入职场的大学生使用；也可作为大、中专院校及各类电脑培训班的Office 2010课程的教材。

　　本书由高海霞编著，杨瀛审校；封面由乐章工作室金钊设计。

　　读者在阅读本书过程中如有问题，可以登录售后服务网站（http://www.todayonline.cn），点击"学习论坛"，进入"今日在线学习网论坛"，注册后将问题写明，我们将在一周内予以解答。

　　本书虽精心编写，但限于时间和水平，纰漏之处在所难免，恳请专家和读者批评指正，我们将再接再厉，为大家献上更多更好的作品。

2011 年 5 月

目　录

第1章　Office 2010概述

本章学习目标：
- 认识和安装Office 2010
- 认识Office 2010主要组件界面
- Office 2010的基础操作

1.1　Office 2010简介

Office 2010是Microsoft公司继Office 2007之后新推出的一款套装办公软件。其全新的工作界面和强大的功能使它推出后就受到用户的喜爱与推崇。运用Office 2010软件可以制作电子文档、电子表格和演示文稿等。

Office 2010主要包括3个常用的组件，文字处理Word 2010、电子表格Excel 2010和演示文稿PowerPoint 2010。

1.1.1　文字处理Word 2010

Word 2010是一款用于文字处理的组件，具有高级的排版及自动化功能，图1-1-1所示是使用Word 2010创建的文档内容。

图1-1-1

用户可以在文档中插入图片内容，并设置文字的格式效果，为文档添加页眉页脚内容，以制作精美的文档效果。灵活应用Word各项操作设置功能，不仅能够制作出精美的文档内容，同时也可以为用户的工作带来极大的方便；不仅可以提高工作效率，而且可以简化工作流程。

1.1.2 电子表格Excel 2010

Excel 2010用于创建和管理电子表格，如图1-1-2所示。

图1-1-2

通过它不仅可以方便地制作出各种各样的电子表格，还可以对其中的数据进行计算、统计等操作，甚至能将表格中的数据转换为各种可视性图表显示或打印出来，便于对数据进行统计和分析。

1.1.3 演示文稿PowerPoint 2010

PowerPoint 2010用于制作和放映演示文稿，如图1-1-3所示。

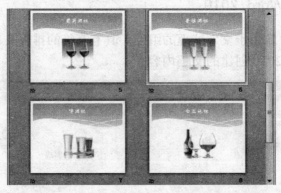

图1-1-3

利用它可以制作产品宣传片、课件等资料。在其中不仅可以输入文字、插入表格和图片、添加多媒体文件，还可以设置幻灯片的动画效果和放映方式，制作出内容丰富、有声有色的幻灯片。

1.2 安装Office 2010

Office 2010可支持32位Windows XP系统、32位和64位Windows 7系统。Office 2010中包括 Word、Exce、PowerPoint、OneNote、InfoPath、Access、Outlook Publisher、Communicator、SharePoint、Workspace 等组件。

1.2.1 Office 2010 的系统要求

安装 Office 2010 时，对 CPU 与 RAM 的要求与安装 Office 2007 的要求是一样的，但是对磁盘空间的要求变大了，Office 2010 系统要求的具体数据如表 1-2-1 所示：

表 1-2-1

名称	最低配置	建议配置
CPU	500MHz	3800MHz 以上
RAM	256MB	512MB 以上
硬盘空间	3.0G	10G 以上
操作系统	Windows XP	Windows 7

1.2.2 安装 Office 2010

微软操作系统并不预装 Office 2010，因此在使用前需要用户将其安装到电脑中，安装时，用户可以根据需要选择安装的组件和安装的位置等。

安装 Office 2010，其操作步骤如下：

（1）将 Office 2010 的安装光盘放入电脑光驱，在桌面中双击"我的电脑"图标，在"我的电脑"窗口中双击光驱，双击 Office 2010 的安装程序。

（2）弹出 Microsoft Office Professional Plus 2010 安装窗口，在"阅读 Microsoft 软件许可证条款"界面中勾选"我接受此协议的条款"复选框，单击"继续"按钮，如图 1-2-1 所示。

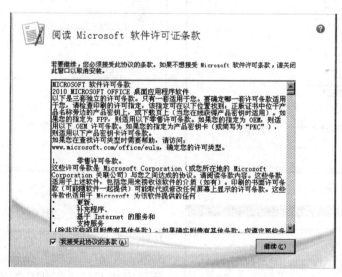

图 1-2-1

（3）进入"选择所需的安装"界面，在该界面中选择要安装的方式，单击"自定义"按钮，如图 1-2-2 所示。

（4）进入自定义安装界面后，在"安装选项"选项卡的"自定义 Microsoft Office 程序的运行方式"列表框内进行查看，单击不需要安装组件前的下拉三角按钮，在展开的下拉列表中单击"不可用"选项，如图 1-2-3 所示。

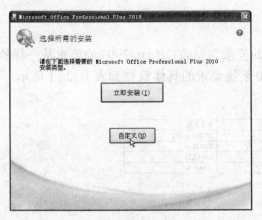

图1-2-2

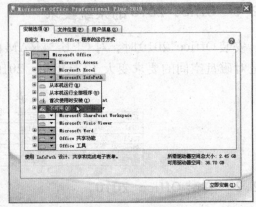

图1-2-3

（5）将所有不需要安装的组件设置为不可用状态，然后单击"文件位置"选项卡标签，如图1-2-4所示。

（6）进入"文件位置"选项卡后，在"选择文件位置"文本框中将安装的磁盘更改为C盘，不改变其余设置，单击"立即安装"按钮，如图1-2-5所示，程序即可执行安装操作，在界面中将会显示安装进度。

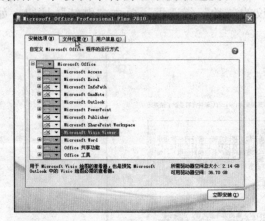

图1-2-4

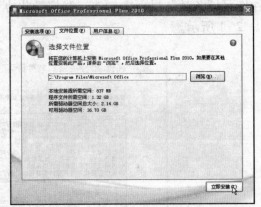

图1-2-5

图1-2-6

（7）Office 2010安装完毕后进入完成界面，界面中显示启动Office 2010的操作步骤，单击"关闭"按钮，如图1-2-6所示，完成Office 2010的安装。

1.3 认识Office 2010三个组件界面

Office 2010中最常用的3个办公组件包括Word、Excel、PowerPoint，为了让用户在以后的操作中能够得心应手，本节先对这3个组件的界面进行介绍。

1.3.1 Word 2010界面介绍

Word 2010的界面主要由功能组、编辑区等内容构成，如图1-3-1所示。

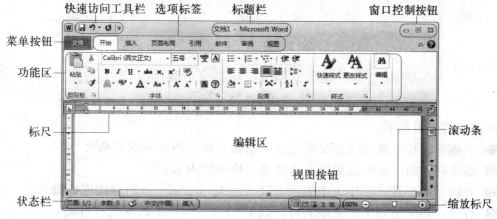

图1-3-1

各部分的作用如下：

● 快速访问工具栏：用于放置一些常用工具，在默认情况下包括保存、撤消和恢复3个工具按钮，用户可以根据需要进行添加。

● 标题栏：用于显示当前文档名称。

● 窗口控制按钮：包括最小化、最大化和关闭3个按钮，用于对文档窗口的大小和关闭进行相应的控制。

● 菜单按钮：用于打开文件菜单，菜单中包括打开、保存等命令。

● 选项标签：用于切换选项组，单击相应标签，即可完成切换。

● 功能区：用于放置编辑文档时所需要的功能，程序将各功能划分为一个一个的组，称为功能组。

● 标尺：用于显示或定位文本的位置。

● 滚动条：拖动可向上下或向左右查看文档中未显示的内容。

● 编辑区：用于显示或编辑文档内容的工作区域。

● 状态栏：用于显示当前文档的页数、字数、使用语言、输入状态等信息。

● 视图按钮：用于切换文档的视图方式，单击所需按钮，即可完成切换。

● 缩放标尺：用于对编辑区的显示比例和缩放尺寸进行调整，缩放后，标尺左侧会显示出缩放的具体数值。

1.3.2 Excel 2010界面介绍

Excel 2010与Word 2010的界面既有相似之处，也有不同之处，Excel 2010也有快速访问工具栏、标题栏等组成部分，不同之处在于编辑区等内容，本节只对 Excel 2010界面中独有的组成部分进行介绍，如图1-3-2所示。

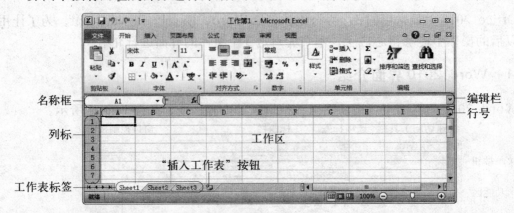

图1-3-2

各部分的作用如下：

● 名称框：用于显示或定义所选单元格或者单元格区域的名称。

● 编辑栏：用于显示或编辑所选择单元格中的内容。

● 列标：用于显示工作表中的列，以 A、B、C、D……的形式进行编号。

● 行号：用于显示工作表中的行，以1、2、3、4……的形式进行编号。

● 工作表标签：用于显示当前工作簿中的工作表名称，默认情况下标签标题显示为 Sheet1、Sheet2、Sheet3，可以进行更改。

● "插入工作表"按钮：用于插入新的工作表，单击该按钮即可完成插入工作表的操作。

● 工作区：用于对表格内容进行编辑，每个单元格都以虚拟的网格进行界定。

1.3.3 PowerPoint 2010界面介绍

PowerPoint 2010主要用于编辑动画演示文稿，它的工作界面包括编辑区、幻灯片窗格、备注栏等部分，如图1-3-3所示。

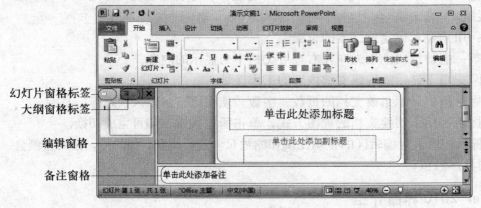

图1-3-3

窗口中各部分的作用如下：

● 幻灯片窗格标签：用于预览区的索引，单击即可切换到"幻灯片"窗格。

● 大纲窗格标签：用于切换"大纲"窗格，单击即可完成操作。

● 备注窗格：用于为幻灯片添加备注内容，添加时将插入点定位在其中直接输入即可。

● 编辑窗格：用于显示或编辑幻灯片中的文本、图片、图形等内容。

1.4　Office 2010 的基础操作

Office 2010中虽然包括很多个组件，但是它们有很多基础操作是一致的，例如对功能区的更改、新建或打开文件等操作。

1.4.1　自定义功能区

功能区用于放置功能按钮，在 Office 2010 中可以对功能区中的功能按钮进行添加或者删除，本节就以在 Word 2010 中为功能区添加功能按钮为例，介绍自定义功能区的操作。

自定义功能区，其操作步骤如下：

（1）启动 Word 2010，单击"文件"按钮，在弹出的菜单中单击"选项"命令，如图 1-4-1 所示。

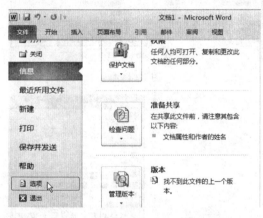

图 1-4-1

（2）弹出"Word选项"对话框，单击"自定义功能区"选项，在"自定义功能区"列表框中选择选项组要添加到的具体位置，如图 1-4-2 所示。

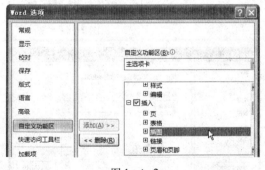

图 1-4-2

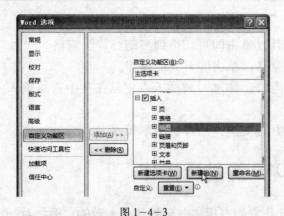

图 1-4-3

（3）选择需要添加的位置后，单击"自定义功能区"列表框下方的"新建组"按钮，如图1-4-3所示。

图 1-4-4

（4）单击"重命名"按钮，如图1-4-4所示。

图 1-4-5

（5）弹出"重命名"对话框，在"显示名称"文本框中输入组的名称，然后单击"确定"按钮，如图1-4-5所示。

图 1-4-6

（6）在"从下列位置选择命令"列表框中单击需要添加到新建组中的按钮，然后单击"添加"按钮，如图1-4-6所示。

（7）重复上一步骤的操作，再为新建的组添加"文本框"功能，添加完毕后单击"确定"按钮，如图1-4-7所示。

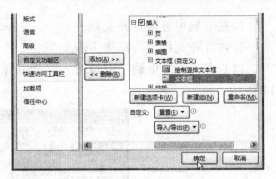

图1-4-7

（8）完成自定义设置功能区的操作后返回文档中，切换到"插入"选项卡，即可看到添加的自定义功能组，如图1-4-8所示。

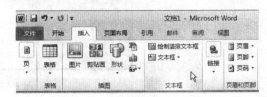

图1-4-8

注意：需要删除功能区组中的功能时，在"Word选项"对话框中切换到"自定义功能区"选项卡，在"自定义功能区"列表框中选中需要删除的功能组，单击"删除"按钮，最后单击"确定"按钮，即可完成删除操作。

1.4.2　自定义快速访问工具栏

快速访问工具栏中在默认的情况下包括保存、撤销和恢复3个按钮，用户可以根据需要将其他需要的工具添加到快速访问工具栏中。

添加需要的工具，其操作步骤如下：

（1）打开文档后，单击快速访问工具栏右侧的下拉按钮，在弹出的下拉列表中单击需要显示的工具选项，如图1-4-9所示。

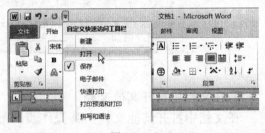

图1-4-9

（2）即可完成向工具栏添加工具按钮的操作，如图1-4-10所示。需要取消时，在下拉列表中再次单击该选项即可。

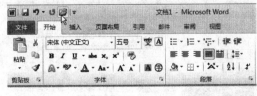

图1-4-10

1.4.3　打开文档

打开文档时，可以在电脑中直接打开目标文档，也可以在打开的文档中打开其他文档，下面分别介绍这两种操作方法。

1.在电脑中直接打开文档

直接打开文档，其操作步骤如下：

（1）在"我的电脑"窗口进入文档的保存位置，双击需要打开的文档，如图1-4-11所示。

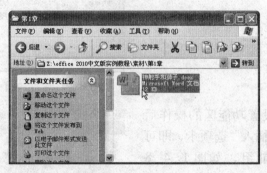

图1-4-11

（2）经过以上操作后，就可以在相应的程序中将该文档打开，如图1-4-12所示。

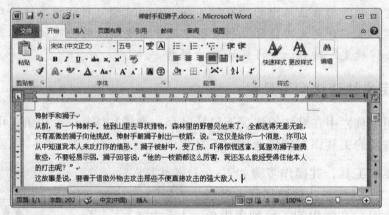

图1-4-12

2.在文档中打开其他文档

在文档中打开其他文档，其操作步骤如下：

（1）打开目标文档后，单击"文件"按钮，在弹出的菜单中单击"打开"命令，如图1-4-13所示。

图1-4-13

（2）弹出"打开"对话框，进入目标文件所在的路径，单击目标文件，然后单击"打开"按钮，如图1-4-14所示，即可将所选择的文档打开。

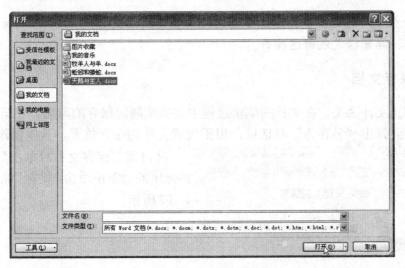

图 1-4-14

1.4.4　新建文档

新建文档是建立空白的文档，在新建时可以通过多种方法完成操作，本节以在磁盘窗口新建文档为例来介绍新建的操作。

新建文档，其操作步骤如下：

（1）通过"我的电脑"窗口进入文档的新建位置，右击窗口空白位置，在弹出快捷菜单中执行"新建→Microsoft Word文档"命令，如图1-4-15所示。

图 1-4-15

（2）经过以上操作，即可完成新建文档的操作，如图1-4-16所示，双击文档图标即可打开该文档。

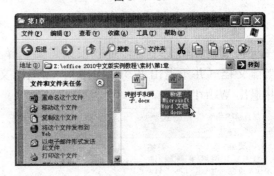

图 1-4-16

注意：在打开的文档中新建空白文档时，直接按快捷键"Ctrl+N"或执行"文件→新建"命令，都可以完成新建操作。

1.4.5 保存文档

为了防止文件丢失，在文档的编辑过程中要养成随时保存的习惯，在第一次保存文档时，程序会弹出"另存为"对话框，用于设置文件的保存位置，具体操作步骤如下：

图1-4-17

（1）需要保存文档时单击"文件"按钮，在弹出的菜单中单击"保存"命令，如图1-4-17所示。

（2）弹出"另存为"对话框后，选择保存的路径，在"文件名"文本框中输入文件的保存名称，然后单击"保存"按钮，如图1-4-18所示，即可完成文件的保存操作。

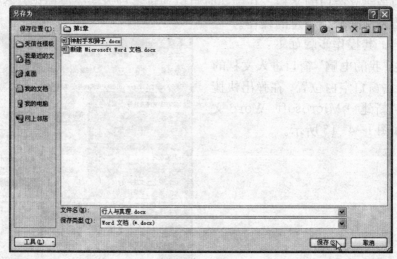

图1-4-18

1.4.6 关闭文档与退出程序

将文档编辑完毕后，可以根据需要选择关闭文档或退出程序，关闭文档操作是关闭当前文档（并不退出Word程序），而退出文档操作则是将打开的全部同类型文档关闭，并退出Word程序。

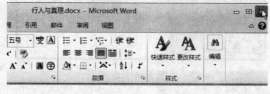

图1-4-19

关闭文档操作方法：

将文档编辑完毕需要关闭时，可单击程序右上角的"关闭"控制按钮，如图1-4-19所示，即可完成关闭文档的操作。

退出文档操作方法：

需要退出文档时单击"文件"按钮，在弹出的菜单中单击"退出"命令，如图1-4-20所示，即可将打开的全部文档关闭，并退出应用程序。

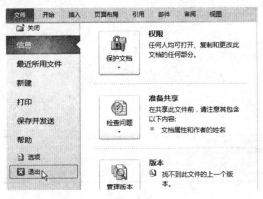

图1-4-20

1.5 实例——创建"十二生肖"空白文档

【操作步骤】

（1）打开 Word 2010 程序窗口，并自动创建一个"文档1"的空白文档。

（2）单击"文件"按钮，在弹出的快捷菜单中单击"保存"命令，打开如图1-5-1所示"另存为"对话框。

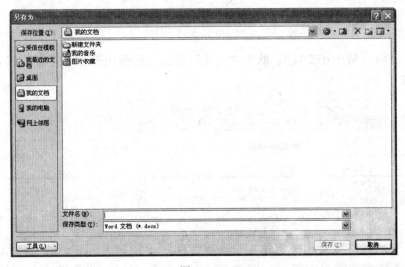

图1-5-1

（3）单击"保存位置"下拉列表框右侧的下三角按钮，从弹出的列表中选择保存路径；在"文件名"文本框中输入"十二生肖"作为文档的主名，如图1-5-2所示。

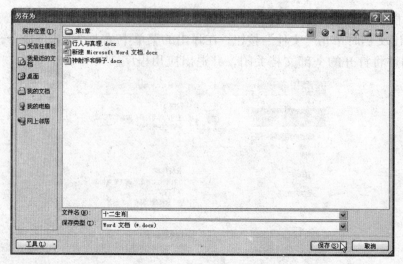

图 1-5-2

（4）单击"保存"按钮，即可创建一个名为"十二生肖"的文档，单击标题右侧的"关闭"按钮，关闭"十二生肖"文档并退出 Word 程序，如图 1-5-3 所示。

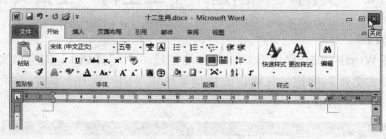

图 1-5-3

（5）再次启动 Word 2010，单击"文件"按钮，在弹出的菜单中单击"打开"命令，如图 1-5-4 所示。

图 1-5-4

（6）打开"打开"对话框，单击"查找范围"下拉列表框右侧的下三角按钮，从弹出的列表中选择文件的保存路径，双击"十二生肖"文档，即可将"十二生肖"文档打开，如图 1-5-5 所示。

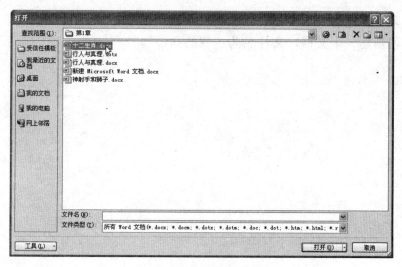

图 1-5-5

1.6 小 结

本章主要讲解 Office 2010 办公软件的新增功能、Office 2010 办公软件的安装、认识 Word、Excel、PowerPoint 三大组件的界面，还介绍了如何自定义 Word 功能区、打开与保存文档的基本操作等。通过本章的学习，用户应从整体上认识 Office 2010。

1.7 习 题

填空题

（1）Office 2010 提供的"导航"窗格可用于_____、_____和_____。

（2）迷你图包括_____、_____和_____ 3 种类型。

（3）在 PowerPoint 2010 中新增加了 _____、_____、_____、_____等幻灯片的主题样式。

（4）快速访问工具栏，在默认情况下包括_____、_____和_____ 3 个工具按钮。

简答题

（1）Office 2010 新增了哪些功能？

（2）功能区的作用是什么？

（3）关闭文档和退出文档有什么区别？

操作题

（1）安装 Office 2010。

（2）练习在快速访问工具栏中添加新建按钮。

（3）练习新建一个文档，文件名为"我的简历"。

第2章　Word 2010基本操作

本章学习目标：
- 📁 输入文本
- 📁 选择文本
- 📁 复制与剪切文本
- 📁 撤销与恢复操作

2.1　在文档中输入文本

为文档输入文本内容时，可能会涉及到字符、符号等各种内容，输入不同内容时可以通过不同的方法完成输入操作。本节中将以字符、特殊符号、日期和时间的输入为例，介绍在文档中输入文本的操作。

2.1.1　输入普通文本

在文档中输入普通文本时，只需要切换到要使用的输入法，就可以进行输入操作。
输入普通文本的操作步骤如下：

（1）新建一个"坐井观天"文档，单击任务栏中的输入法图标，在展开的输入列表中单击需要使用的输入法，如图2-1-1所示。

图2-1-1

（2）根据所选输入法的输入规则进行输入，如图2-1-2所示。

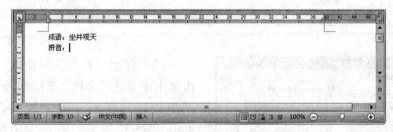

图2-1-2

（3）需要输入英文时可切换到英文输入法后进行输入，由于本例中使用的是搜狗拼音输入法，所以按一下Shift键即可切换为英文输入法。

（4）切换到英文输入法后，直接按键盘中的字母键，文档中就会显示相应的英文字母，如图2-1-3所示。

图 2-1-3

（5）继续输入其他文本，最终效果如图 2-1-4 所示。

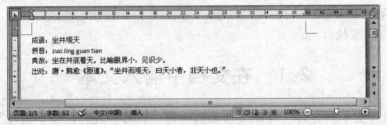

图 2-1-4

2.1.2　插入特殊符号

虽然在键盘中设置了一些特殊符号，但是如果需要在文档中输入键盘无法输入的符号时，需要通过 Word 中的"符号"对话框在文档中插入特殊字符。

插入特殊符号，其操作步骤如下：

（1）打开"牙膏妙用"文档，将插入点定位在需要插入符号的位置，单击"插入"选项卡下的"符号"选项组中的"符号"按钮，在弹出的下拉列表中单击"其他符号"选项，如图 2-1-5 所示。

图 2-1-5

（2）弹出"符号"对话框，在"符号"选项卡中单击"字体"下拉列表框右侧的下三角按钮，在展开的下拉列表框中单击 webdings 选项，如图 2-1-6 所示。

图 2-1-6

（3）选择了符号的字体后，在符号列表框中单击需要使用的符号，然后单击"插入"按钮，如图2-1-7所示。

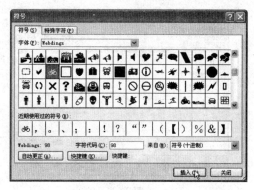

图2-1-7

（4）插入完毕后单击"关闭"按钮，关闭"符号"对话框，返回文档中可以看到插入的特殊符号，如图2-1-8所示。

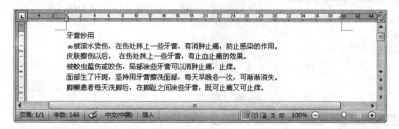

图2-1-8

注意：需要为文档插入更多符号时，则在插入第一个符号后不要关闭对话框，再次选择需要插入的符号并单击"插入"按钮，直到将所有符号插入完毕后再单击"关闭"按钮关闭"符号"对话框。

2.1.3 插入自动更新的日期和时间

在文档中中手动输入日期和时间后，日期或时间的内容不会随着时间的变化而改变，如果需要文档中的时间有不断更新的功能，可以直接插入日期和时间。

插入自动更新的日期和时间，其操作步骤如下：

（1）打开"食盐妙用"文档，将插入点定位在需要插入日期和时间的位置，单击"插入"插入项卡下"文本"选项组中的"日期和时间"按钮，如图2-1-9所示。

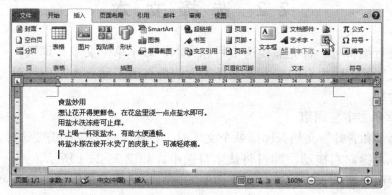

图2-1-9

图 2-1-10

（2）弹出"日期和时间"对话框，在"可用格式"列表框中选择合适的日期格式，如图 2-1-10 所示。

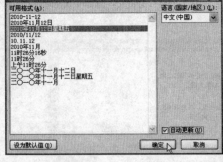

图 2-1-11

（3）选择要使用的日期格式后，勾选"自动更新"复选框，然后单击"确定"按钮，如图 2-1-11 所示。

（4）返回文档中，完成插入自动更改的日期的操作，如图 2-1-12 所示，当计算机系统的日期发生变化时，该文档的日期也会进行相应的更改。

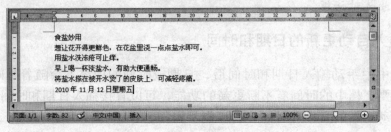

图 2-1-12

2.2 选 择 文 本

对文本进行编辑时，首先需要选中目标文本，对于单个文字、词组、一行或一段文字、不连续文字等不同内容的文本，选择的方法会有所不同，本节中就对文本的各种选择方法进行介绍。

1.选择单个文字与词组

打开"狮子和青蛙"文档，选择单个文字时，将插入点定位在需要选择的文字左侧，然后按住鼠标左键向右拖动，即可将该字符选中，如图 2-2-1 所示。

选择词组时，将插入点放置在需要选中的词组，然后双击鼠标左键，就可以将该词组选中，如图 2-2-2 所示。

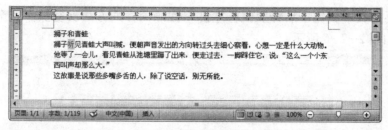

图 2-2-1

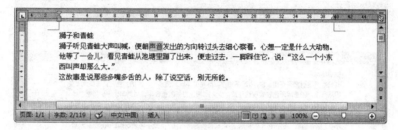

图 2-2-2

2.选择一行或一段文本

打开"狮子、狼与狐狸"文档，选择一行文本时，将鼠标指针指向该行文本的左侧页边距外，当指针变为 形状时单击鼠标左键，即可选中该行文本，如图 2-2-3 所示。

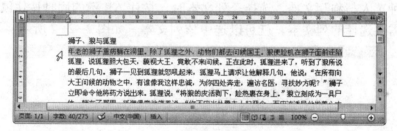

图 2-2-3

选择一段文本时，将鼠标指针指向该段文本的左侧页边距外，当指针变为 形状时双击鼠标左键，即可选中该段文本，如图 2-2-4 所示。

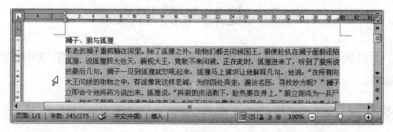

图 2-2-4

3.选择整篇文本

打开"种菜人"文档，要选择整篇文本时，按一下快捷键"Ctrl+A"即可完成操作，如图 2-2-5 所示。

4.选择不连续的文本

打开"蚊子和狮子"文档，选择不连续的文本时，按住 Ctrl 键的同时按住鼠标左键拖动选中需要的文本，完毕后释放鼠标左键，按照同样的方法反复操作直至所需文本全部被选中，如图 2-2-6 所示。

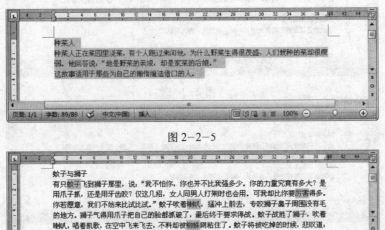

图 2-2-5

图 2-2-6

5．选择一列文本

打开"种菜人与狗"文档，选择一列文本时，按住 Alt 键的同时按住鼠标左键进行拖动，经过需要选择的列文本，就可以选中该列文本，如图 2-2-7 所示。

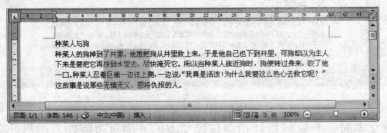

图 2-2-7

2.3　复制与剪切文本

需要重复使用的文档中的内容或对内容进行移动时，可以使用 Word 中的复制与剪切功能完成操作。

2.3.1　复制文本

复制文本就是将一个内容再重复制作一份，复制文本内容时可以通过多种方法完成操作，下面介绍两种比较常用的方法。

方法一：使用快捷菜单命令进行复制

打开"两只狗"文档，选中需要复制的文本，然后单击鼠标右键，在弹出的快捷菜单中单击"复制"命令，如图 2-3-1 所示，即可完成文本的复制操作。再在目标位置进行粘贴。

图 2-3-1

方法二：选中需要复制的文本，然后单击"开始"选项卡上的"剪贴板"选项组中的"复制"按钮，如图 2-3-2 所示，即可将该文本复制到剪贴板中。再在目标位置进行粘贴。

图 2-3-2

2.3.2 移动文本

移动文本是将文本从一个位置移动到另一个位置，执行该操作时也有多种方法可以使用，下面介绍两种常用的剪切文本的方法。

方法一：使用鼠标移动

打开目标文档后，选中需要移动的文本，然后按住鼠标左键进行拖动，将其移动目标位置后释放鼠标左键，如图 2-3-3 所示，即可完成文本的剪切操作。再在目标位置进行粘贴。

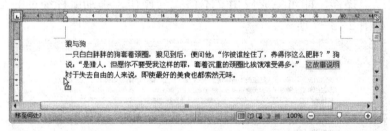

图 2-3-3

方法二：选中需要剪切的文本，然后单击鼠标右键，在弹出的快捷菜单中单击"剪切"命令，如图 2-3-4 所示，即可将该文本剪切到剪贴板中。再在目标位置进行粘贴。

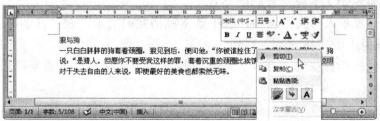

图 2-3-4

2.3.3 使用格式刷复制文本格式

需要单独复制文本的格式时，可通过格式刷来完成操作。为文本复制格式时，可以一次为一处文本应用复制的格式，也可以一次为多处文本应用复制的格式。

方法一：为一处文本应用复制的格式

（1）打开"小狗和青蛙"文档，选中要复制格式的文本，在"开始"选项卡中单击"剪贴板"选项组中的"格式刷"按钮，如图2-3-5所示。

图2-3-5

（2）此时鼠标指针变为 形状，按住鼠标左键拖动经过需要应用格式的文本，如图2-3-6所示。

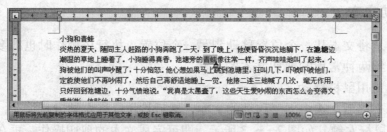

图2-3-6

（3）经过以上操作，即可完成应用文本格式的操作，拖动鼠标经过的文本就会应用复制的格式，如图2-3-7所示。

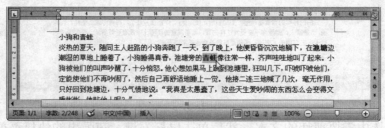

图2-3-7

方法二：为多处文本应用复制的格式

（1）打开"牧羊人与狗"文档，选中要复制格式的文本，在"开始"选项卡中双击"剪贴板"选项组中的"格式刷"按钮，如图2-3-8所示。

（2）此时鼠标指针变为 形状，按住鼠标左键依次拖动经过需要应用格式的文本，如图2-3-9所示。

（3）为第一处文本应用格式后光标仍为 形状，即可为下一处文本应用格式，为所有文本应用格式后的效果如图2-3-10所示。

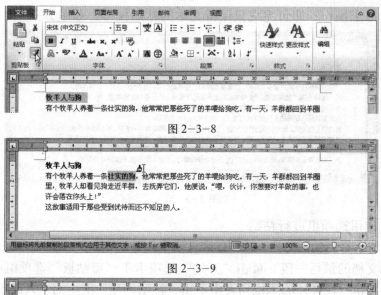

图 2-3-8

图 2-3-9

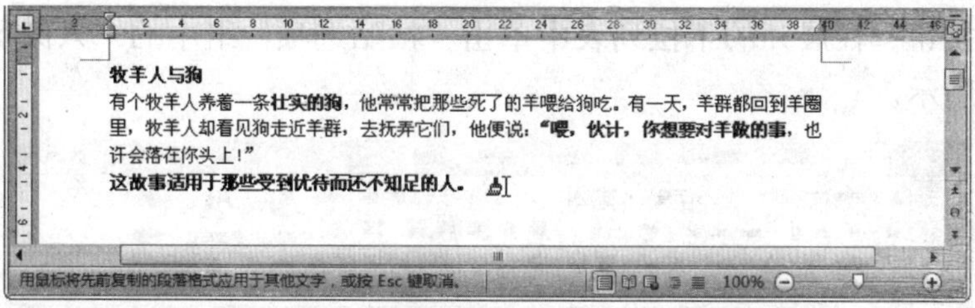

图 2-3-10

2.3.4　粘贴功能的使用

　　将文本复制或剪切后只是将文本复制或转移到剪贴板中，想要将其复制到文档中还需要执行粘贴操作。粘贴时可以根据所选的内容选择适当的粘贴方式。

　　执行粘贴操作时，根据所选的内容格式程序会提供 3 种粘贴方式，分别为保留源格式、合并格式以及只保留文本，用户可以根据需要选择相应的粘贴方式。下面以只保留文本为例来介绍两种粘贴文本的方法。

　　方法一：通过快捷菜单命令进行粘贴

　　（1）打开"猪与狗"文档，对"猪与狗互相谩骂"一段内容进行复制，然后在需要粘贴到的位置处右击，在弹出的快捷菜单中单击"粘贴选项"组中的"只保留文本"按钮，如图 2-3-11 所示。

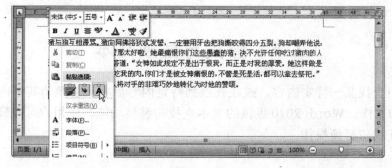

图 2-3-11

（2）经过以上操作，即可完成只保留文本的粘贴操作，如图2-3-12所示。

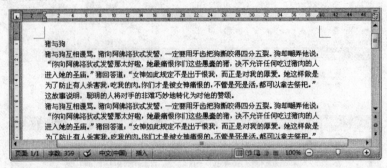

图2-3-12

方法二：使用选项组进行粘贴

（1）打开"小偷和狗"文档，对"有只狗从小偷身边走过"一段文本进行复制后，将插入点定位到文档的最后一段，单击"开始"选项卡下"剪贴板"选项组中"粘贴"按钮下方的三角按钮，在展开的下拉列表中单击"粘贴选项"组中的"只保留文本"按钮，如图2-3-13所示。

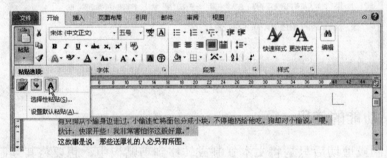

图2-3-13

（2）经过以上操作，同样可以完成只保留文本的粘贴操作，如图2-3-14所示。

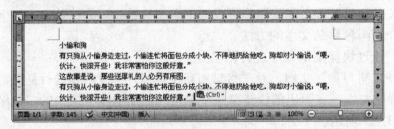

图2-3-14

2.4 查找与替换文本

在文档中查找某一特定内容，或在查找到特定内容后将其替换为其他内容，可以说是一件繁琐的工作。Word 2010提供的文本查找与替换功能，使用户可以轻松、快捷地完成文件的查找与替换操作。

2.4.1 查找文本

查找文本时，可以使用"查找和替换"对话框来完成，通过对话框进行查找时，如果文档中有多处需要查找的内容，用户可逐个进行查找，并且可选择是否使用突出显示。

（1）打开"树和斧子"文档，在"开始"选项卡下单击"编辑"选项组中"编辑"按钮的下三角按钮，在弹出的下拉列表中单击"替换"选项，如图2-4-1所示。

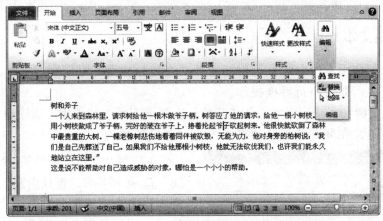

图 2-4-1

（2）弹出"查找和替换"对话框，切换到"查找"选项卡，在"查找内容"文本框中输入需要查找的内容，然后单击"查找下一处"按钮，如图2-4-2所示。

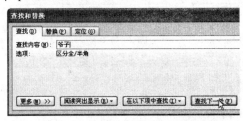

图 2-4-2

（3）执行查找操作后，文档中第一处查找到的内容就会被选中，如图2-4-3所示，需要再向下查找时，可再次单击"查找下一处"按钮。

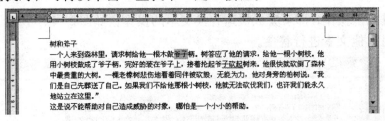

图 2-4-3

（4）需要将查找的内容突出显示时，单击"阅读突出显示"按钮，在展开的下拉列表中单击"全部突出显示"选项，如图2-4-4所示。

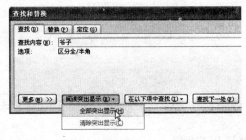

图 2-4-4

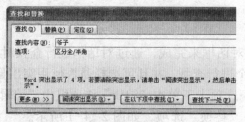

图 2-4-5

（5）执行以上操作后，Word就会对所有查找到的内容进行突出显示，在"查找和替换"对话框中提示显示的项数以及取消突出显示的方法，如图2-4-5所示，经过以上操作后就可以完成查找的操作。

2.4.2　替换文本

在文档中替换文本内容时，可直接通过"查找和替换"对话框来完成，设置好查找和替换的内容后，即可执行替换操作。

（1）打开"树和斧子"文档，在"开始"选项卡下单击"编辑"选项组中"编辑"按钮的下三角按钮，在展开的下拉列表中单击"替换"选项。

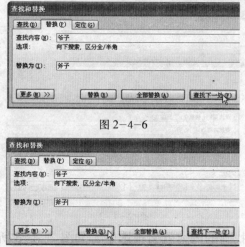

图 2-4-6

（2）弹出"查找和替换"对话框，在"替换"选项卡下的"查找内容"和"替换为"文本框中分别输入所需内容，然后单击"查找下一处"按钮，如图2-4-6所示。

图 2-4-7

（3）单击"查找下一处"按钮后，被查找的内容就会被选中并显示出来，需要查找下一处时再次单击"查找下一处"按钮，当需要替换的内容出现后，单击"替换"按钮，如图2-4-7所示。

（4）经过以上操作，即可完成快速替换文本的操作，如图2-4-8所示，用户可按照同样方法，对其他文本进行替换。

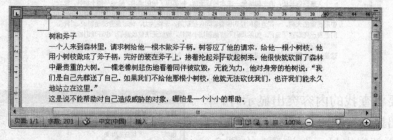

图 2-4-8

2.5　实例——创建"杯弓蛇影"文档

【操作步骤】

（1）新建空白的Word文档，单击任务栏中的输入法图标，此处在展开的输入法列表中单击"搜狗五笔输入法"，如图2-5-1所示。

图2-5-1

（2）选择需要使用的输入法后，根据所使用输入法的输入规则输入文档标题，然后按Enter键另起一段，如图2-5-2所示。

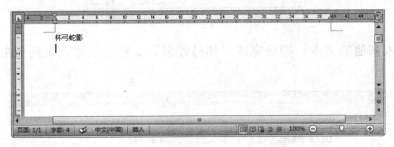

图2-5-2

（3）输入文档的正文内容，输入特殊符号时可采用Word中"插入"选项卡"符号"组中的"其他符号"命令来输入，将插入点定位在文档末尾的空白段落，如图2-5-3所示。

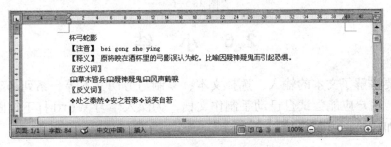

图2-5-3

（4）将文档的文本内容输入完毕后，切换到"插入"选项卡，单击"文本"选项组中的"日期和时间"按钮，如图2-5-4所示。

图2-5-4

（5）弹出"日期和时间"对话框，在"可用格式"列表框中单击需要使用的日期格式，然后单击"确定"按钮，如图2-5-5所示。

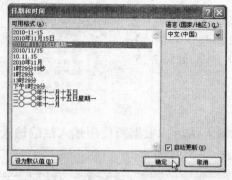

图 2-5-5

（6）输入其他的文本，即可完成"杯弓蛇影"文档的制作，最终效果如图 2-5-6 所示。

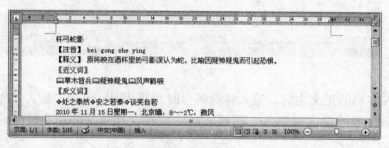

图 2-5-6

2.6 小 结

本章主要讲解了文本的输入、选择文本、复制与剪切文本等一系列基础操作，通过本章的学习，用户应能尝试自己动手制作文档，为深入学习 Word 打下牢固的基础，使工作过程更加轻松、方便快捷。

2.7 习 题

填空题

（1）如果需要在文档中输入键盘无法输入的符号，可以通过 Word 中的＿＿＿对话框在文档中插入特殊字符。

（2）选择整篇文本时，按快捷键＿＿＿即可完成操作。

（3）选择不连续的文本时，按住＿＿＿键的同时按住鼠标左键拖动选中需要的文本，完毕后释放鼠标左键。

（4）执行粘贴操作时，根据所选的内容格式程序会提供 3 种粘贴方式，分别为＿＿＿、＿＿＿以及＿＿＿，用户可以根据需要选择相应的粘贴方式。

简答题

（1）在 Word 2010中，如何插入特殊字符？

（2）在 Word 2010中，如何插入日期和时间？

（3）如何选择单个字和词组？

（4）如何选择一列文本？

（5）复制文本与剪切文本的区别是什么？

操作题

（1）新建一个空白 Word 文档，输入如图 2-7-1 所示的内容。

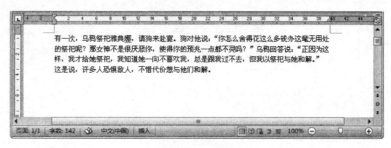

图 2-7-1

（2）在现有的文本的前面加上一行文字"乌鸦和狗"，按Enter键，作为文档的标题，如图 2-7-2 所示。

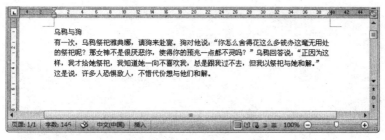

图 2-7-2

（3）将插入点光标移动到文档的末尾，按Enter键，继续输入如下内容，如图2-7-3 所示。

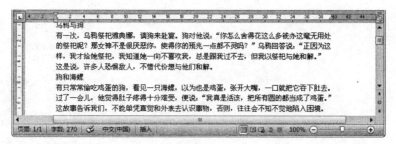

图 2-7-3

（4）分别在每个段落前面插入一个特殊符号，如图 2-7-4 所示。

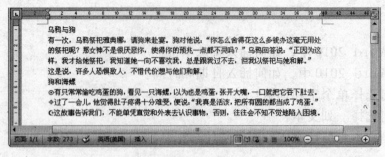

图 2-7-4

第3章　Word 2010 的文字与段落排版

本章学习目标：
- 📁 设置文本的格式
- 📁 设置段落的格式
- 📁 为文本添加项目符号和编号

3.1　设置文本格式

设置文本格式包括对文字的字体、字形、大小、外观效果、字符间距等内容的设置，对于有特殊需要的字符还可以为其应用带圈字符、上标、下标、艺术字以及首字符下沉等格式。通过对这些方面的设置，文本将会展现出全新的面貌。文本格式的设置主要通过"字体"选项组来完成，该功能组中所包括的内容如图 3-1-1 所示。

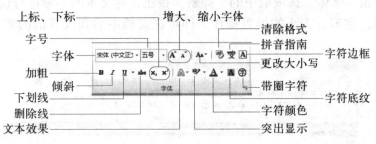

图 3-1-1

3.1.1　设置文本的字体、字形、大小

通常，在一个文档中不同的内容对文本格式的要求会有所不同，例如标题与正文就会有明显的区别，这些区别可以体现在字体、字形、大小等方面。一般情况下标题都会比正文显眼一些。下面就来介绍标题文本格式的设置操作。

（1）打开"小孩与芒麻"文档，选中需要设置格式的标题文本，在"开始"选项卡中单击"字体"选项组中的"字体"下拉列表框右侧的下三角按钮，如图 3-1-2 所示。

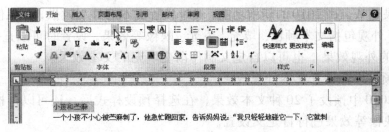

图 3-1-2

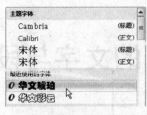

（2）展开"字体"下拉列表框后，单击需要使用的字体"华文琥珀"选项，如图3-1-3所示。

图 3-1-3

（3）设置了标题的字体后，单击"字体"选项组中"字号"下拉列表框右侧的下三角按钮，在展开的下拉列表框中单击"二号"选项，如图3-1-4所示。

图 3-1-4

（4）单击"字体"选项组中的"倾斜"按钮，对文本的字形进行设置，完成对标题的文本字体、字形、大小的设置操作，即可在文档中看到设置后的效果，如图3-1-5所示。

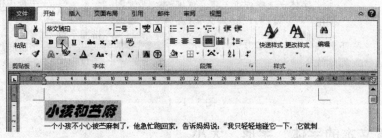

图 3-1-5

注意：为文本设置格式后需要清除时，选中目标文本后，在"开始"选项卡中单击"字体"选项组中的"文本效果"按钮，在弹出的下拉列表框中单击"清除文本效果"选项，即可清除之前设置的各种格式。

3.1.2 设置文本的外观效果

文本效果是Word 2010的新增功能，通过设置文本的外观效果，可以使文本变得更加多样美观，外观包括文本颜色、填充、发光、映像等效果。设置时可以直接使用Word 2010中预设的外观效果，也可以自定义制作渐变填充的文本效果。

1.使用预设样式设置文本外观效果

Word 2010中预设了20种文本效果，在选择预设样式后，还可以再根据需要对文本的发光、映像等效果进行自定义设置。

（1）打开"捕到石头的渔夫"文档，在"开始"选项卡下单击"字体"选项组中的"文本效果"按钮，如图3-1-6所示。

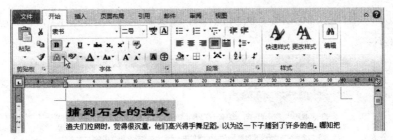

图 3-1-6

(2) 弹出文本效果库后，单击需要使用的效果"填充－红色，强调文字颜色 2，双轮廓－强调文字颜色 2"图标，如图 3-1-7 所示。

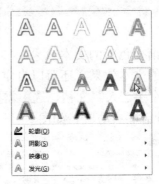

图 3-1-7

(3) 选择文本样式后，再次单击"文本效果"按钮，在弹出的文本效果库中指向"阴影"选项，在级联列表中单击"透视"区域内的"右上对角透视"图标，如图 3-1-8 所示。

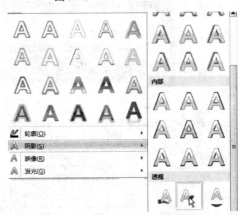

图 3-1-8

(4) 再次单击"文本效果"按钮，在弹出的文本效果库中指向"发光"选项，在级联列表中单击"红色，11pt 发光，强调文字颜色 2"图标，如图 3-1-9 所示。

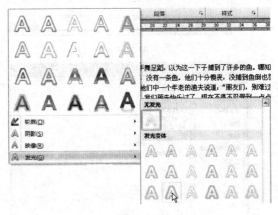

图 3-1-9

（5）经过以上操作，就完成了使用预设样式设置文本外观效果的操作，最终效果如图3-1-10所示。

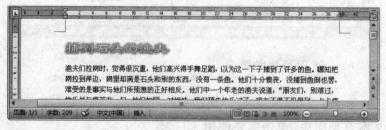

图3-1-10

2.自定义制作渐变色彩的文本效果

除了使用预设的文本效果，还可以自定义文本的填充方式，对文字效果进行设置。

（1）打开"三个手艺人"文档，选中需要设置效果的文本，单击"开始"选项卡中"字体"选项组的对话框启动器，如图3-1-11所示。

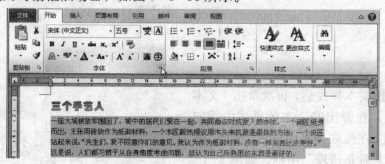

图3-1-11

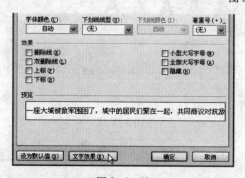

图3-1-12

（2）弹出"字体"对话框，单击"文字效果"按钮，如图3-1-12所示。

图3-1-13

（3）弹出"设置文本效果格式"对话框，在"文本填充"选项面板中单击"文本填充"选项组中的"渐变填充"单选按钮，如图3-1-13所示。

（4）单击对话框下方的"颜色"按钮，在展开的颜色列表中单击"水绿色，强调文字颜色5，深色25%"选项，如图3-1-14所示。

（5）单击"渐变光圈"色条中的第二个滑块，然后单击"颜色"按钮，在弹出的下拉列表框中单击"橙色，强调文字颜色6，深色25%"选项，如图3-1-15所示。

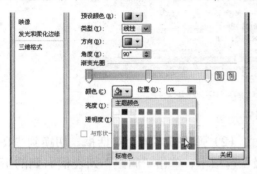

图 3-1-14

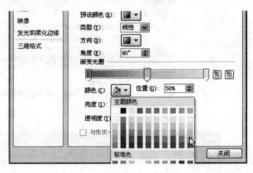

图 3-1-15

（6）单击第三个滑块，单击"颜色"按钮后再单击"红色，强调文字颜色2，深色25%"选项，如图3-1-16所示。

（7）单击"方向"按钮，在展开的方向样式库中单击"线性向右"图标，如图3-1-17所示，最后单击"关闭"按钮返回"字体"对话框，单击"确定"按钮。

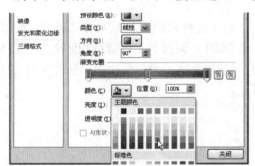

图 3-1-16

图 3-1-17

（8）经过以上操作，就完成了自定义制作渐变填充文本效果的操作，最终效果如图3-1-18所示。

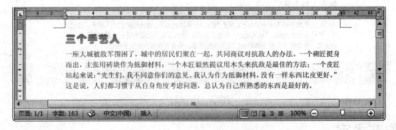

图 3-1-18

3.1.3 设置字符间距

字符间距是指字符与字符之间的距离，字符的间距主要有加宽和紧缩两种类型，本

节中以加宽字符间距为例介绍设置字符间距的操作。

（1）打开"牧羊人与小狼"文档，选中需要设置字符间距的文本，单击"开始"选项卡中的"字体"选项组中的对话框启动器，如图3-1-19所示。

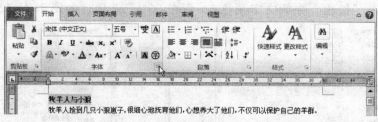

图3-1-19

图3-1-20

（2）弹出"字体"对话框，切换到"高级"选项卡，单击"间距"列表框右侧的下三角按钮，在展开的下拉列表框中单击"加宽"选项，如图3-1-20所示。

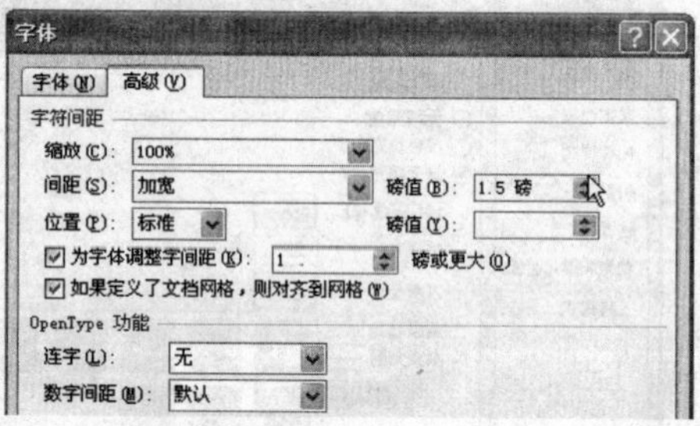

（3）选择间距类型后单击"磅值"数值框右侧的上调按钮，将数值设置为"1.5磅"，最后单击"确定"按钮，如图3-1-21所示。

图3-1-21

（4）经过以上操作后返回文档，可看到加宽字符间距后的效果，如图3-1-22所示。

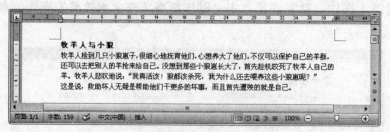

图3-1-22

3.1.4　制作艺术字

艺术字就是具有艺术效果的字，在Word 2010文档中为文本添加艺术字效果，可以使文档更加美观和富于变化。Word 2010对艺术字的效果进行了多方面改进，使艺术字的效果更加丰富。选择艺术字样式后，还可以根据需要对样式进行自定义。

（1）打开"骆驼与宙斯"文档，选中需要设置为艺术字的文本，切换到"插入"选项卡，单击"文本"选项组中的"艺术字"按钮，如图 3-1-23 所示。

图 3-1-23

（2）在弹出的"艺术字"库中单击"填充-红色，强调文字颜色 2，粗糙棱台"图标，如图 3-1-24 所示。

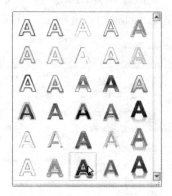

图 3-1-24

（3）添加艺术字后，在"绘图工作-格式"选项卡中单击"排列"选项组中的"自动换行"按钮，在展开的下拉列表中单击"上下型环绕"选项，如图 3-1-25 所示。

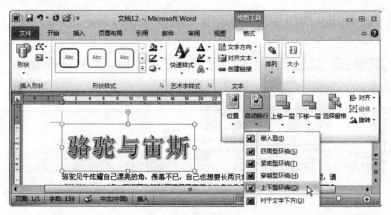

图 3-1-25

（4）单击"艺术字样式"选项组中的"文本效果"按钮，在弹出的下拉列表中指向"转换"选项，在级联列表中单击"双波形 2"图标，如图 3-1-26 所示。

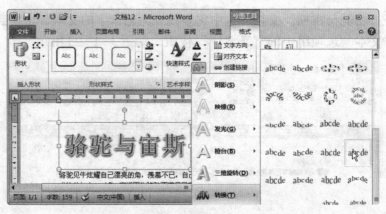

图 3-1-26

（5）再次单击"文本效果"按钮，在弹出的下拉列表中指向"发光"选项，在级联列表后，单击"红色，11pt 发光，强调文字颜色 2"图标，如图 3-1-27 所示。

图 3-1-27

（6）经过以上操作，即可完成在文档中操作艺术字并设置效果的操作，如图 3-1-28 所示。

图 3-1-28

3.2　设置段落格式

段落格式的设置，主要在"段落"选项组中完成设置，最基本的是段落对齐方式、段落大纲、缩进以及段落间距的设置，"段落"选项组中包括对齐方式、项目符号、增加缩进量等按钮，如图 3-2-1 所示。

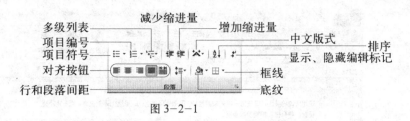

图 3-2-1

3.2.1　设置段落的对齐方式

段落的对齐方式包括文本左对齐、居中、文本右对齐、两端对齐和分散对齐 5 种，用户可以根据文本的内容和具体要求对段落的对齐方式进行设置。

（1）打开"一只眼睛的鹿"文档，将插入点定位在需要设置对齐方式的标题中，在"开始"选项卡中单击"段落"选项组中的"居中"按钮，如图 3-2-2 所示。

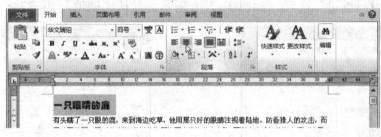

图 3-2-2

（2）将插入点定位在需要设置对齐方式的段落中，单击"段落"选项组中的"文本右对齐"按钮，在文档中即可看到设置后的右对齐效果，如图 3-2-3 所示。

图 3-2-3

3.2.2　设置段落的大纲、缩进间距格式

设置段落的大纲、缩进以及间距时，可在"段落"对话框中一次性完成设置，具体操作步骤如下。

（1）打开"登山时的装备"文档，选中需要设置段落格式的段落，单击"开始"选项卡下"段落"选项组的对话框启动器，如图 3-2-4 所示。

（2）弹出"段落"对话框，在"缩进和间距"选项卡下单击"常规"选项组中的"大纲级别"下拉列表框右侧的下三角按钮，在展开的下拉列表框中单击"3 级"选项，如图 3-2-5 所示。

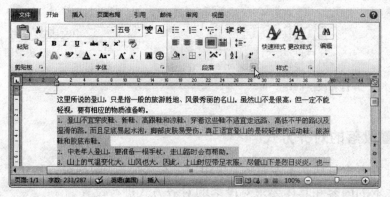

图 3-2-4

（3）单击"缩进"选项组中的"特殊格式"列表框右侧的下三角按钮，在弹出的列表框中单击"首行缩进"选项，如图 3-2-6 所示，默认"磅值"为"2 字符"。

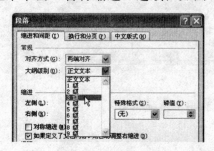

图 3-2-5

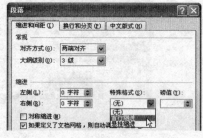

图 3-2-6

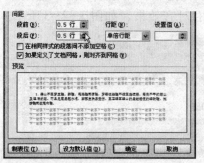

图 3-2-7

（4）单击"间距"选项组中"段前"数值框右侧的上调按钮，将数值设置为"0.5 行"，同样将"段后"也设置为"0.5 行"，如图 3-2-7 所示，最后单击"确定"按钮。

（5）完成以上操作后返回文档，弹出"导航"窗格，在其中可以看到设置了大纲级别的段落，此时在文档的正文中也可以看到设置了缩进和段落间距的效果，如图 3-2-8 所示。

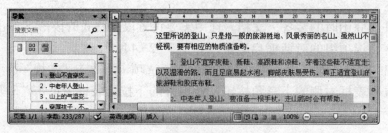

图 3-2-8

3.3 项目符号与编号的应用

项目符号与编号用于对文档中带有并列性的内容进行排列，使用项目符号可以使文档更加美观，有利于美化文档，而编号是使用数字形式对并列的段落进行顺序排号，使其具有一定的条理性。

3.3.1 使用项目符号

为文档添加项目符号时，可以直接使用项目符号库中的符号，也可以在程序的符号库中选择已有符号，自定义新项目符号。

1.使用符号库中的符号

在 Word 2010 的项目符号库中预设了圆形、矩形、棱形等7种项目符号，应用时可在符号库中直接选择目标符号。

（1）打开"男士西装十忌"文档，选择需要添加项目符号的段落，在"开始"选项卡下单击"段落"选项组内"项目符号"按钮右侧的下三角按钮，如图3-3-1所示。

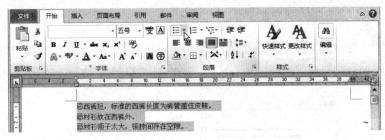

图 3-3-1

（2）弹出项目符号库，单击需要使用的项目符号，如图3-3-2所示。

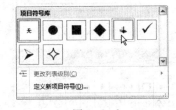

图 3-3-2

（3）完成以上操作就完成了使用预设项目符号的操作，如图3-3-3所示。

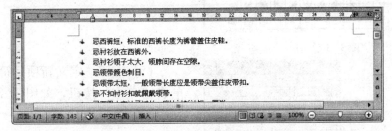

图 3-3-3

2.定义新项目符号

程序中预设的项目符号数量有限，如用户希望使用更精彩的项目符号可根据需要定义新的项目符号。

（1）打开"酒的妙用"文档，选中目标段落，在"开始"选项卡下单击"段落"选项组中"项目符号"按钮右侧的下三角按钮，如图3-3-4所示。

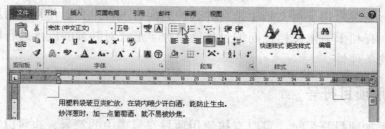

图3-3-4

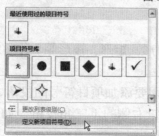

（2）弹出项目符号库，单击"定义新项目符号"选项，如图3-3-5所示。

图3-3-5

（3）弹出"定义新项目符号"对话框，单击"符号"按钮，如图3-3-6所示。

图3-3-6

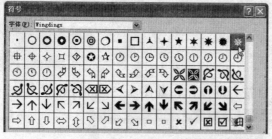

（4）弹出"符号"对话框，将"字体"设置为Wingdings，单击需要作为项目符号的符号，最后单击"确定"按钮，如图3-3-7所示。

图3-3-7

（5）返回"定义新项目符号"对话框，单击"字体"按钮，如图3-3-8所示。

图3-3-8

（6）弹出"字体"对话框，在"字号"
列表框中单击"四号"选项，将"字体颜色"
设置为"红色"，如图3-3-9所示，最后依
次单击对话框的"确定"按钮。

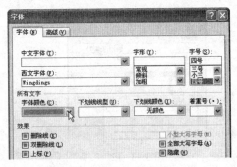

图3-3-9

（7）返回文档可以看到所选择的文档已经应用了新定义的项目符号，效果如图3-3-
10所示。

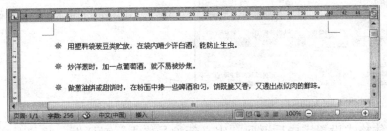

图3-3-10

3.3.2 编号的应用

对文本使用编号是按照一定的顺序使用数字对文本内容进行编排，使用编号时可以
使用预设的编号样式，也可以定义新的编号样式。由于使用预设编号的操作与使用预设
项目符号的操作相似，所以本节中只介绍定义新编号样式的操作。

（1）打开"巧用花椒"文档，选中需要应用编号的段落，在"开始"选项卡下单击
"段落"选项组内"编号"按钮右侧的下三角按钮，在弹出的下拉列表中单击"定义新编
号格式"选项，如图3-3-11所示。

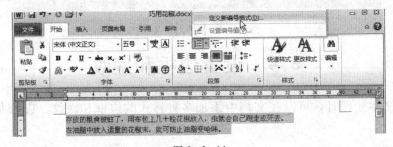

图3-3-11

（2）弹出"定义新编号格式"对话框，单击"编号样式"按钮右侧的下三角按钮，在
弹出的下拉列表框中单击"一、二、三（简）…"选项，如图3-3-12所示。

（3）选择编号样式后单击"字体"按钮，如图3-3-13所示。

图 3-3-12

图 3-3-13

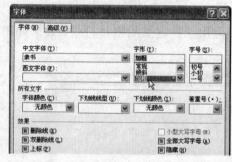

（4）弹出"字体"对话框，在"字体"选项卡中将"中文字体"设置为"隶书"，在"字形"列表框中单击"加粗"选项，如图 3-3-14 所示，最后单击"确定"按钮。

图 3-3-14

（5）字体格式设置完毕后返回"定义新编号格式"对话框，将"对齐方式"设置为"左对齐"，最后单击"确定"按钮。

（6）完成定义新编号样式的操作，返回文档中即可看到文本应用新编号样式后的效果，如图 3-3-15 所示。

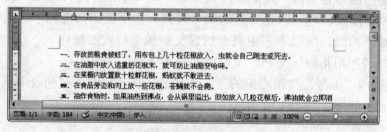

图 3-3-15

3.4　设置边框和底纹

在进行文字处理时，可以在文档中添加多种样式的边框和底纹，以增加文档的生动性和实用性。

3.4.1　设置边框

不同的边框设置方法不同，Word 2010提供了多种边框类型，用来强调或美化文档内容。

1.设置段落边框

（1）打开"朋友与熊"文档，选择需要进行边框设置的段落，选择"开始"选项卡

"段落"组中"下框线"按钮，单击后面的三角按钮，如图3-4-1所示。

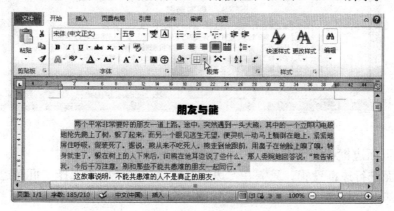

图3-4-1

（2）在弹出的菜单中选择"边框和底纹"命令，如图3-4-2所示。

图3-4-2

（3）打开"边框和底纹"对话框，选择"边框"选项卡。

（4）在"设置"选项区域中有5种边框样式，从中可选择所需的样式；在"样式"列表框中列出了各种不同的线条样式，从中可选择所需的线型。

（5）在"颜色"和"宽度"下拉列表框中可以为边框设置所需的颜色和宽度；在"应用于"下拉列表框中，可以设定边框应用的对象是文字或段落，如图3-4-3所示。

图3-4-3

（6）单击"确定"按钮，完成设置，效果如图3-4-4所示。

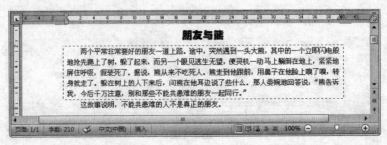

图 3-4-4

2.设置页面边框

要对页面进行边框设置，只需在"边框和底纹"对话框中选择"页面边框"选项卡，其中的设置基本上与"边框"选项卡的相同，只是多了一个"艺术型"下拉列表框。通过该列表框可以定义页面的边框。

为页面添加艺术型边框，操作步骤如下。

（1）打开"牛栏里的鹿"文档，选择"开始"选项卡，在"段落"组中单击"下框线"按钮后面的三角按钮，在弹出的菜单中选择"边框和底纹"命令，打开"边框和底纹"对话框。

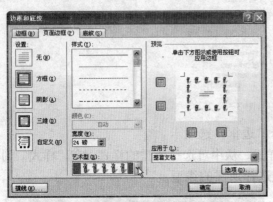

图 3-4-5

（2）选择"页面边框"选项卡，在"设置"选项区域中选择"方框"选项，在"艺术型"下拉列表框中选择艺术型样式，如图 3-4-5 所示。

（3）单击"确定"按钮，完成设置，效果如图 3-4-6 所示。

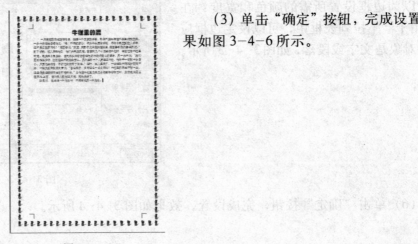

图 3-4-6

3.4.2　设置底纹

要为文档设置底纹，只需在"边框和底纹"对话框中选择"底纹"选项卡，对填充的颜色和图案等进行设置即可。

为文字设置底纹，操作步骤如下：

（1）打开"四种食品不能与酒同用"文档，选择需要设置底纹的文本，然后选择"开始"选项卡在"段落"组中单击"下框线"按钮后面的三角按钮，在弹出的菜单中选择"边框和底纹"命令，打开"边框和底纹"对话框。

（2）选择"底纹"选项卡，在"填充"下拉列表框中"橙色"色块，如图 3-4-7 所示。

图 3-4-7

（3）单击"确定"按钮，即可为文本添加底纹，效果如图 3-4-8 所示。

图 3-4-8

（4）在"字体"组中单击"字体颜色"按钮，在弹出的面板的"主题颜色"选项区域中，选择"紫色"色块，设置字体的颜色为紫色，效果如图 3-4-9 所示。

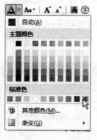

图 3-4-9

（5）经过以上的操作，最终效果如图 3-4-10 所示。

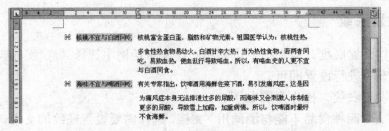

图 3-4-10

3.5 特殊排版方式

一般报刊杂志都需要创建具有特殊效果的文档，这时就需要使用一些特殊的排版方式。

Word 2010提供了多种特殊的排版方式，例如，首字下沉、带圈字符、合并字符、双行合一等。

3.5.1 首字下沉

首字下沉包括下沉与悬挂两种效果，首字下沉的效果是将文档的第一个字符放大并下沉，字符置于页边距内，而悬挂则是字符下沉后将其置于页边距之外。下面介绍首字下沉的应用与设置。

（1）打开"鹿、狼和羊"文档，将插入点定位在文档的正文中，切换到"插入"选项卡，单击"文本"选项组中的"首字下沉"按钮，在展开的下拉列表中单击"首字下沉选项"，如图 3-5-1 所示。

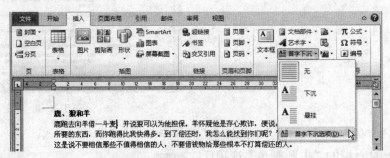

图 3-5-1

图 3-5-2

图 3-5-3

（2）弹出"首字下沉"对话框，将"位置"设置为"下沉"，单击"字体"下拉列表选项右侧的下三角按钮，在展开的下拉列表框中单击"隶书"选项，如图 3-5-2 所示。

（3）在"下沉行数"数值框中输入"2"，然后单击"确定"按钮，如图 3-5-3 所示。

（4）经过以上操作，就完成了首字下沉效果的设置，如图 3-5-4 所示。

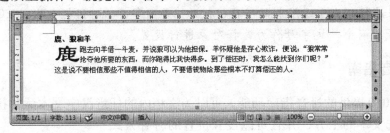

图 3-5-4

3.5.2　带圈字符

带圈字符，顾名思义就是使用圆圈将字符圈住，常见的带圈字符有数字 1、2 等。需要将普通的汉字圈住时可以手动制作。

（1）打开"早发白帝城"文档，选择目标文本，如图 3-5-5 所示。

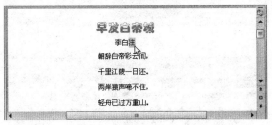

图 3-5-5

（2）选择"开始"选项卡，在"字体"组中单击"带圈字符"按钮，如图 3-5-6 所示。

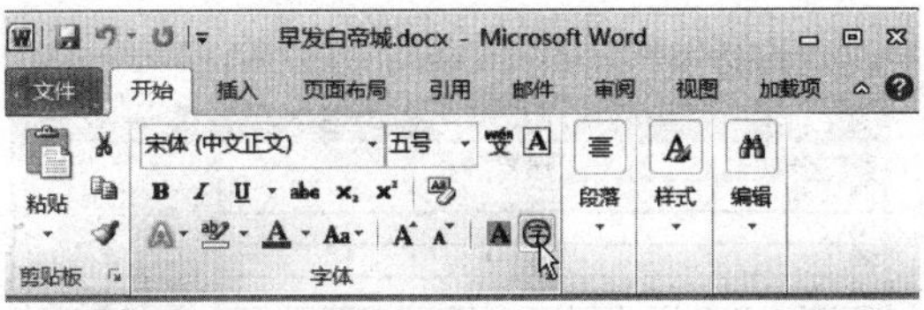

图 3-5-6

（3）打开"带圈字符"对话框，在"样式"选项区域中，选择"缩小文字"选项，在"圈号"列表框中选择符号圆圈，如图 3-5-7 所示。

图 3-5-7

（4）单击"确定"按钮，完成设置，效果如图 3-5-8 所示。

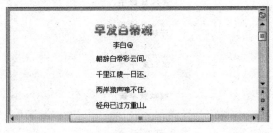

图 3-5-8

注意：在 Word 2010 中，带圈字符的内容只能是一个汉字或都两个外文字母，在文档窗口中如果选择超出上述限制的字符，打开"带圈字符"对话框，Word 2010 将自动以第一个汉字或前两个外文字母作为选择对象进行设置。

3.5.3 拼音指南

Word 2010 提供的拼音指南功能，可以为文档内的任意汉字文本添加拼音，添加的拼音位于所选文本的上方，并且可以设置拼音的对齐方式。

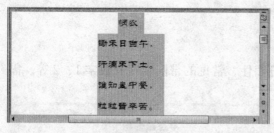

图 3-5-9

（1）打开"悯农"文档，选中目标文本，如图 3-5-9 所示。

图 3-5-10

（2）选择"开始"选项卡，在"字体"组中单击"拼音指南"按钮，如图 3-5-10 所示。

图 3-5-11

（3）打开"拼音指南"对话框，在"对齐方式"下拉列表框中，选择"居中"选项，在"字体"下拉列表框中选择"Arial Unicode MS"选项，字号选择"8磅"，如图 3-5-11 所示。

图 3-5-12

（4）单击"确定"按钮，完成设置，效果如图 3-5-12 所示。

3.5.4　中文版式

Word 2010提供了具有中文特色的中文版式功能，包括纵横混排、合并字符和双行合一等功能。

1.纵横混排

纵横混排可以将一行内的文本设置为既有横向又有纵向的效果，例如在编辑包含英文字母或阿拉伯数字的文档时，如果将文本的方向全部设置为纵向后，英文字母或数字就会以躺倒的形式显示，此时可以使用纵横混排版式将这些内容以横向的方式显示。

（1）打开"新年祝福"文档，选中文档中需要横向排列的文本，如图3-5-13所示。

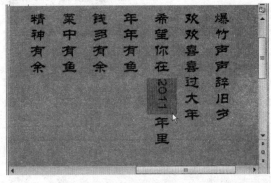

图3-5-13

（2）在"开始"选项卡下单击"段落"选项组中的"中文版式"按钮，在展开的下拉列表中单击"纵横混排"选项，如图3-5-14所示。

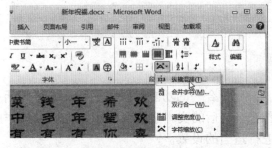

图3-5-14

（3）弹出"纵横横排"对话框，保持默认设置，单击"确定"按钮，如图3-5-15所示。

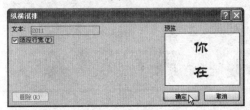

图3-5-15

（4）返回文档中可以看到选中的文本为横向显示，如图3-5-16所示。

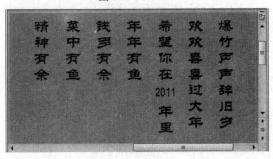

图3-5-16

2.合并字符

在正常情况下一个文字拥有一个占位符，而合并字符功能可将几个文字合并为只有一个占位符的效果，并且合并的字符会由一行并为两行，使用该功能可以制作印章效果。

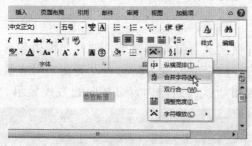

图 3-5-17

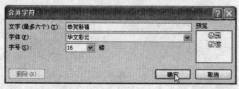

图 3-5-18

（1）打开"恭贺新禧"文档，选中需要合并的字符，在"开始"选项卡中单击"段落"选项组内的"中文版式"按钮，在展开的下拉列表中单击"合并字符"选项，如图3-5-17所示。

（2）弹出"合并字符"对话框，单击"字体"下拉列表框右侧的下三角按钮，在展开的下拉列表框中单击"华文彩云"选项，字号选"16磅"，如图3-5-18所示。

（3）完成合并字符的操作返回文档，即可看到合并后的效果，如图3-5-19所示。

图 3-5-19

3.双行合一

双行合一的功能可以将一行文本分为两行，但是这两行文本只占用文档中一行的位置，合并后的文本字符会缩小。在实际操作中用户可以将文本双行合一后，再对其字号进行适当的设置。

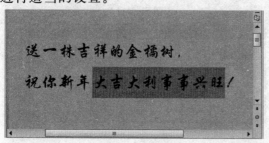

图 3-5-20

（1）打开"吉祥如意"文档，选中目标文本，如图3-5-20所示。

（2）单击"段落"选项组中的"中文版式"按钮，在展开的下拉列表中单击"双行合一"选项，如图3-5-21所示。

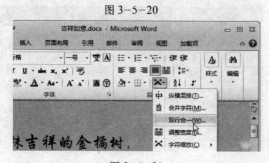

图 3-5-21

（3）弹出"双行合一"对话框，保持默认设置单击"确定"按钮，就完成了双行合一的制作，如图3-5-22所示。

图3-5-22

（4）返回文档即可看到设置后的效果，如图3-5-23所示。

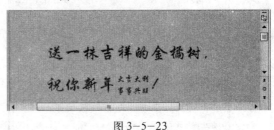

图3-5-23

3.6　实例——创建"为虎作伥"文档

【操作步骤】

（1）启动Word 2010后，在文档窗口中输入如图3-6-1所示的文档内容，并以"为虎作伥"为文件名保存在磁盘上。

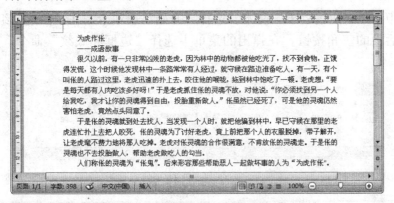

图3-6-1

（2）选中第1段和第2段文本，在"开始"选项卡中单击"段落"选项组中的"居中"按钮，实现首段和第2段文字居中，如图3-6-2所示。

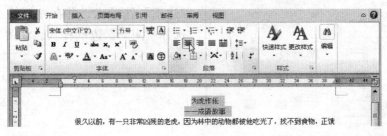

图3-6-2

（3）选择"为虎作伥"文本，单击"开始"选项卡中"字体"选项组中的对话框启动器，弹出"字体"对话框。

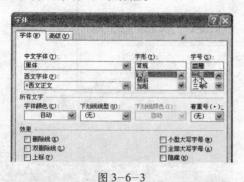

图 3-6-3

（4）在"字体"对话框中，选择"字体"选项卡，在"中文字体"下拉列表框中选择"黑体"，在"字号"列表框中单击"二号"，如图 3-6-3 所示。

图 3-6-4

（5）切换到"高级"选项卡，在"间距"下拉列表框中选择"加宽"，并将右侧的"磅值"微调框中的数值调整为"2 磅"，如图 3-6-4 所示，单击"确定"按钮。

（6）选中"——成语故事"文本，选择"开始"选项卡，在"段落"组中单击"下划线"按钮后面的三角按钮，在弹出的菜单中选择"边框和底纹"命令，如图 3-6-5 所示。

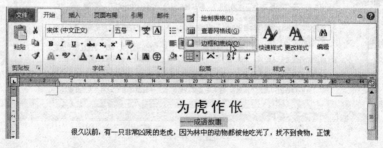

图 3-6-5

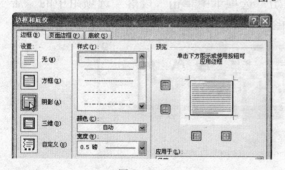

图 3-6-6

（7）打开"边框和底纹"对话框，选择"边框"选项卡，并在左侧的"设置"列中选择"阴影"边框样式，如图 3-6-6 所示。

　　（8）选择"底纹"选项卡，在"填充"框下的调色板中选择一种填充颜色，如图3-6-7所示，单击"确定"按钮。

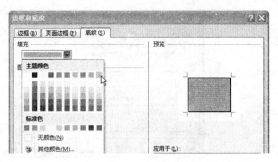

图3-6-7

　　（9）选中"——成语故事"文本，在"开始"选项卡中单击"字体"选项组中"字体"下拉列表框右侧的三角按钮，从弹出的字体列表中选择"楷体"字体。

　　（10）单击"字体"选项组中"字号"下拉列表框右侧的三角按钮，从弹出的字号列表中选择"小二"字号，如图3-6-8所示。

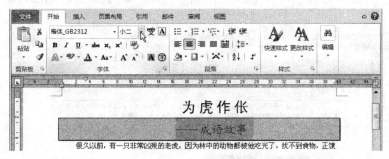

图3-6-8

　　（11）选中正文中的第2段，单击"开始"选项卡下"段落"选项组的对话框启动器，如图3-6-9所示。

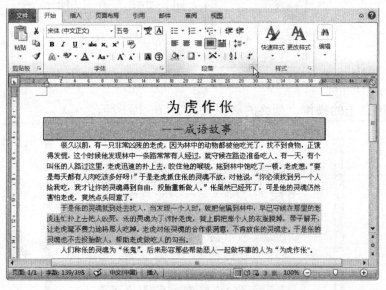

图3-6-9

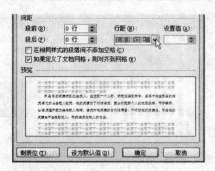

图 3-6-10

（12）弹出"段落"对话框，在"缩进与间距"选项卡的"行距"下拉列表框中选择"1.5倍行距"，如图3-6-10所示，设置正文的第2段行距。

（13）将插入点移动到正文的第1段，切换到"插入"选项卡，单击"文本"选项组中的"首字下沉"按钮，在展开的下拉列表中单击"首字下沉选项"如图3-6-11所示。

图 3-6-11

图 3-6-12

（14）弹出"首字下沉"对话框，在"位置"选项组中选择一种下沉方式，在"字体"下拉列表中选择"隶书"，单击"确定"按钮，如图3-6-12所示。

（15）经过以上的操作，最终的效果如图3-6-13所示。

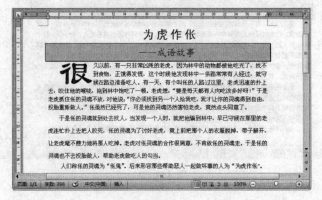

图 3-6-13

3.7　小　结

本章主要讲解了设置文本格式、段落格式、添加编号或项目符号的应用，还介绍了几种特殊的排版方式，通过本章学习，用户应能制作出更加专业、美观的文档。

3.8　习　题

填空题

（1）设置文本格式包括对文字的＿＿＿＿、＿＿＿＿、＿＿＿＿、外观效果、字符间距等内容的设置。

（2）设置文本的外观效果包括＿＿＿＿、＿＿＿＿、＿＿＿＿、＿＿＿＿等效果。

（3）字符间距是指＿＿＿＿与＿＿＿＿之间的距离，字符的间距主要有＿＿＿＿和＿＿＿＿两种类型。

（4）段落的对齐方式包括文本＿＿＿＿、＿＿＿＿、＿＿＿＿和分散对齐 5 种。

（5）在 Word 2010 的项目符号库中预设了＿＿＿＿、＿＿＿＿、＿＿＿＿等 7 种项目符号。

简答题

（1）首字下沉和悬挂下沉的区别是什么？

（2）如何设置字符格式与段落格式？

（3）如何设置项目符号和编号？

（4）如何设置首字下沉？

操作题

按照如下的要求进行排版操作，文档的最终效果如图 3-8-1 所示。

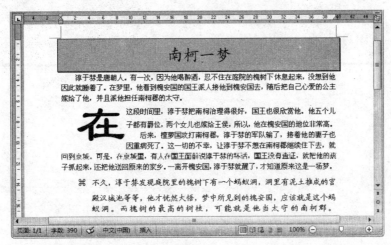

图 3-8-1

操作提示:

①将标题文字设置成居中,字体为"华文楷体",字号为"小一",并加上方框和底纹。

②将第2段的行距设置成20磅。

③对第2段设置首字下沉。

④将最后一段文字的字体设置为"楷体",字号为"小四"。

⑤将最后一段文字设置成分散对齐,并添加项目符号。

⑥设置如图所示的页面边框。

第4章　Word 2010 的对象处理

本章学习目标:
- 📂 为文档插入与截取图片
- 📂 插入自选图形与 SmartArt 图形
- 📂 编辑与美化图片
- 📂 自选图形的应用
- 📂 使用 SmartArt 图形

4.1　为文档插入与截取图片

在 Word 2010 中插入图片的途径主要有 3 种,插入电脑中的图片、插入剪贴画中的图片以及截取图片。

4.1.1　插入电脑中的图片

为文档插入电脑中的图片时,可以一次插入一张图片,也可以插入多张图片,下面以一次插入两张图片为例,介绍插入电脑中图片的操作。

(1) 打开"饮品特写"文档,将光标定位在需要插入图片的位置,切换到"插入"选项卡下单击"插图"选项组中的"图片"按钮,如图 4-1-1 所示。

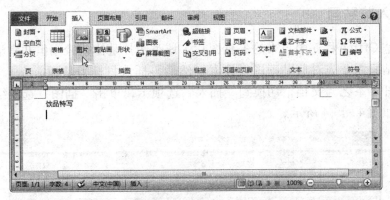

图 4-1-1

(2) 弹出"插入图片"对话框,进入目标文件的保存路径,按住 Ctrl 键的同时依次单击需要插入的两张图片,然后单击"插入"按钮,如图 4-1-2 所示。

(3) 经过以上操作,就完成了为文档插入图片的操作,返回文档中即可看到插入的两张图片,如图 4-1-3 所示。

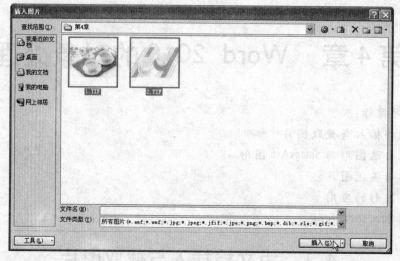

图 4-1-2

图 4-1-3

4.1.2 插入剪贴画

剪贴画是 Office 程序中自带的矢量图片，该类图片是体积较小但非常清晰的卡通图片。插入剪贴画需要先对剪贴画进行搜索，然后再插入目标剪贴画。

（1）打开"茶艺"文档，切换到"插入"选项卡，单击"插图"选项组中的"剪贴画"按钮，如图 4-1-4 所示。

图 4-1-4

（2）弹出"剪贴画"任务窗格，单击"结果类型"列表框右侧的下三角按钮，在展开的列表框中勾选"插图"复选框，然后取消勾选其他不需要的选项，如图 4-1-5 所示。

（3）选择需要搜索的结果类型后，在"搜索文字"文本框中输入"茶"，然后单击"搜索"按钮，在列表框中将显示与茶相关的所有插图，如图 4-1-6 所示。

图 4-1-5　　　　　　　　　　　　　　　图 4-1-6

（4）单击其中的一张剪贴画，将其插入到文档中，经过以上操作，文档中光标所在的位置就会插入一张剪贴画，如图 4-1-7 所示，需要插入其他剪贴画时单击任务栏窗格内相应的剪贴画图标即可。

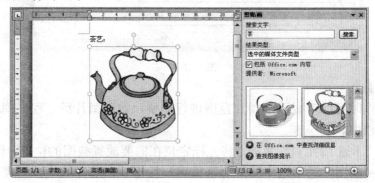

图 4-1-7

4.1.3　截取电脑屏幕

在 Word 2010 中，需要为文档插入图片时还可以直接截取电脑所打开的程序窗口，截取时可根据需要选择截取全屏图像或自定义截取的范围。

1.截取全屏图像

在截取全屏图像时，执行截图操作后选择需要截取的屏幕，程序就会执行截图的操作，并且将截取的画面插入到文档中。

（1）打开"招财童子"文档，将光标定位在需要放置截图的位置。切换到"插入"选项卡下，单击"插图"选项组中的"屏幕截图"按钮，在弹出的下拉列表中可以看到当前系统所打开的程序窗口，单击需要截取画面的程序窗口，如图 4-1-8 所示。

图 4-1-8

（2）经过以上操作，即可完成为文档插入截图的操作，返回文档可以看到截取的画面，如图4-1-9所示。

图4-1-9

2.自定义截图

自定义截图时可以对截取的图片范围进行调整，截取图片后，程序同样会将截取的画面插入到文档中。

（1）打开"卡通12生肖"文档，将光标定位在需要放置截图的位置，切换到"插入"选项卡，单击"插图"选项组中的"屏幕截图"按钮，在展开的下拉列表中单击"屏幕剪辑"选项，如图4-1-10所示。

图4-1-10

（2）执行截图操作后，将鼠标指针移动到系统的任务栏中，单击需要截图的程序图标，打开截图的程序窗口后，等待几秒钟后程序的画面会处于一种白雾状态，按住鼠标左键拖动鼠标调整截图的范围，如图4-1-11所示，确定将要截取的范围后释放鼠标左键。

图4-1-11

（3）经过以上操作，就完成了自定义截图范围的操作，返回文档中就可以看到截图的效果，如图4-1-12所示。

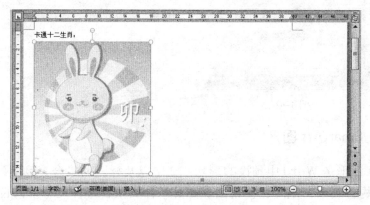

图4-1-12

4.2　插入自选图形与SmartArt图形

在美化文档的过程中，除了可以选择插入图片外，还可以插入自选图形或SmartArt图形，这两种类型图形的有各自的表现方式和特点，下面介绍这两种图形的插入操作。

4.2.1　插入自选图形

在Word程序中自选图形包括线条、矩形、基本形状、箭头总汇、公式形状、流程图、星与旗帜和标注8种类型，每种类型下又包括若干图形样式。为文档插入自选图形时可根据需要选择适当类型的图形。

（1）新建一个空白的Word文档，切换到"插入"选项卡，单击"插图"选项组中的"形状"按钮，如图4-2-1所示。

图4-2-1

（2）在展开的形状库中单击"基本形状"区域中的"心形"图标，如图4-2-2所示。

（3）选择需要插入的形状样式后，当鼠标指针变为十字形状时，在需要插入自选图形的位置按住鼠标左键进行拖动，绘制出需要的形状。

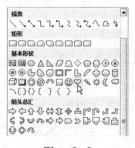

图4-2-2

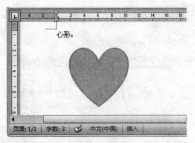

（4）将自选图形绘制到合适大小后释放鼠标左键，即可完成自选图形的插入，如图4-2-3所示。

图 4-2-3

4.2.2 插入 SmartArt 图形

SmartArt 图形是 Word 中预设的形状、文字以及样式的集合，包括列表、流程、循环、层次、结构、关系、矩阵、棱锥图和图片 7 种类型，每种类型下又包括若干个图形样式。为文档插入 SmartArt 图形时，需要根据文档内容选择适当的图形。

（1）打开"公司组织结构图"文档，将光标定位在需要插入 SmartArt 图形的位置，切换到"插入"选项卡，单击"插图"选项组中的 SmartArt 按钮，如图 4-2-4 所示。

图 4-2-4

（2）弹出"选择 SmartArt 图形"对话框，单击对话框左侧的"层次结构"选项标签，然后在对话框右侧单击"水平层次结构"选项，最后单击"确定"按钮，如图 4-2-5 所示。

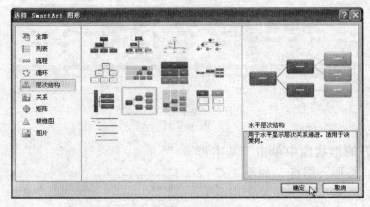

图 4-2-5

（3）显示插入 SmartArt 图形效果，经过以上操作，就完成了插入 SmartArt 图形的操作，并且图形自动显示"文本"窗格，如图 4-2-6 所示，用户在图形的文本位置处输入所需内容即可。

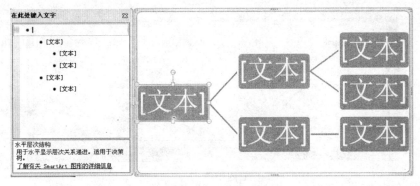

图 4-2-6

4.3　编辑与美化图片

将图片插入到文档中后，程序会根据图片的原始大小对图片的大小、位置、效果等进行显示，为了使图片充分融入文档中，还需要对其进行一系列的编辑与美化操作。

4.3.1　调整图片大小

如果图片的原有体积很大，那么将该图片插入到文档中后图片的显示大小也会很大，因此在插入图片后需要根据文档的内容对图片大小重新调整，调整时可通过拖动鼠标或者在功能组完成操作。

方法一：使用鼠标调整图片大小

（1）打开"水墨画图片"文档，选中目标图片后，将鼠标指针指向图片左上角的控制手柄，当鼠标指针变为斜向的双箭头形状时按住左键向内拖动鼠标，如图 4-3-1 所示，图片就会相应缩小。

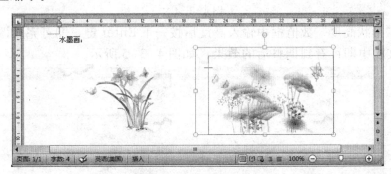

图 4-3-1

（2）拖动到合适大小后释放鼠标左键，就完成了调整图片大小的操作，如图 4-3-2 所示。

方法二：使用选项组调整图片大小

（1）继续上例中的操作，单击需要调整大小的图片，如图 4-3-3 所示。

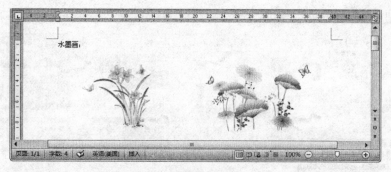

图 4-3-2

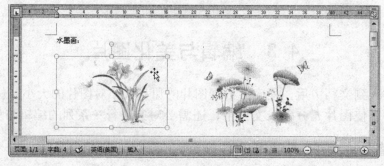

图 4-3-3

（2）选择目标图片后，在"图片工具－格式"选项卡下"大小"选项组中的"形状高度"数值框中输入需要调整成的高度值，如图 4-3-4 所示。

图 4-3-4

（3）在"形状高度"数值框中输入高度后按一下 Enter 键，即可完成调整图片高度的操作，在文档中即可看到调整后的效果，如图 4-3-5 所示。

图 4-3-5

4.3.2 裁剪图片

如果插入到文档中的图片宽高比例不合适，可在插入后对其进行裁剪操作，下面介绍将图片按照比例进行裁剪和将图片裁剪为不同形状的操作。

1.将图片按照比例进行裁剪

（1）打开"鲜花合集"文档，选中需要裁剪的图片，如图4-3-6所示。

图4-3-6

（2）在"图片工具-格式"选项卡下单击"大小"选项组中"裁剪"按钮的下三角按钮，在展开的下拉列表中依次单击"纵横比"的"4:5"选项，如图4-3-7所示。

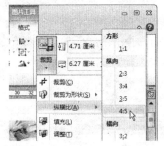

图4-3-7

（3）选择裁剪的比例后，图片立刻显示裁剪后的效果，单击该图片外任意位置即可完成裁剪图片的操作，裁剪效果如图4-3-8所示。

图4-3-8

2.将图片剪裁为不同形状

将图片裁剪为不同的形状时，所选择的形状必须为自选图形中的图形，用户可根据需要将图片裁剪为心形、圆柱形等各种形状。

（1）继续上例中的操作，选中需要裁剪的图片，如图4-3-9所示。

图4-3-9

图 4-3-10

（2）选择目标图片后，在"图片工具－格式"选项卡下单击"大小"选项组中"裁剪"按钮的下三角按钮，在展开的下拉列表中指向"裁剪为形状"选项，在展开的形状库中单击"基本形状"组中的"心形"图标，如图 4-3-10 所示。

（3）经过以上操作后，即可将矩形图片裁剪为心形形状效果，如图 4-3-11 所示。

图 4-3-11

4.3.3　设置图片在文档中的排列方式

　　图片在文档中的排列方式决定了图片与文本的关系，在 Word 中有嵌入型、四周型环绕、紧密型环绕、穿越型环绕、上下型环绕、衬于文字下方、浮于文字上方等 7 种方式。

　　（1）打开"玫瑰介绍"文档，单击需要设置排列方式的图片，如图 4-3-12 所示。

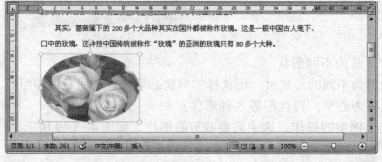

图 4-3-12

图 4-3-13

（2）选择目标图片后，在"图片工具－格式"选项卡中单击"排列"选项组中"自动换行"按钮，在展开的下拉列表中单击"四周型环绕"选项，如图 4-3-13 所示，完成设置图片排列方式的操作。

　　（3）返回文档中，按住鼠标左键将图片

向文字中央移动，移至目标位置后，释放鼠标左键。

（4）经过以上操作即可完成将图片排列方式设置为四周型环绕的操作，如图 4-3-14 所示。

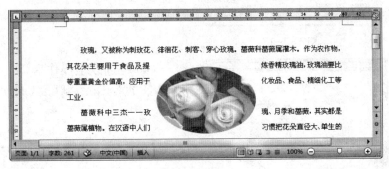

图 4-3-14

4.3.4　删除图片背景

当插入图片的背景影响显示效果时，可以在 Word 2010 中直接将图片的背景删除，删除时用户可自定义选择删除的背景。

（1）打开"十二生肖"文档，选中目标图片，单击"图片工具-格式"选项卡下"调整"选项组中的"删除背景"按钮，如图 4-3-15 所示。

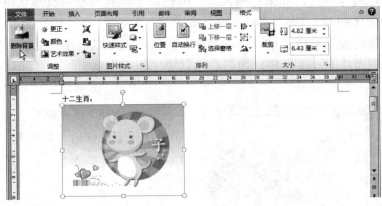

图 4-3-15

（2）执行删除背景操作后，向外拖动图片左上角的控制手柄，将选框调整到最大化，如图 4-3-16 所示。

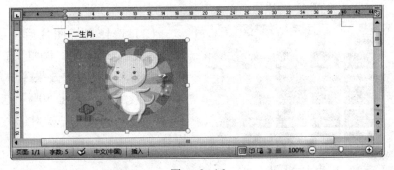

图 4-3-16

图 4-3-17

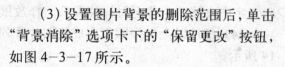

（3）设置图片背景的删除范围后，单击"背景消除"选项卡下的"保留更改"按钮，如图4-3-17所示。

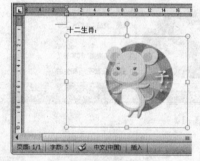

图 4-3-18

（4）经过以上操作后，就完成了删除图片背景的操作，删除效果如图 4-3-18 所示。

4.3.5 更正图片与调整图片色彩

Word 2010提供了一系列调整图片色彩的功能，包括锐化和柔化、亮度和对比度、颜色饱和度、色调等方式，如果对插入图片的色彩不满意可以对其重新进行调整。

1. 锐化和柔化图片

锐化和柔休功能是对图片清晰度的调整，锐化功能可以使图片更加清晰、而柔化的作用则用于缓解图片的过度锐化。为图片设置锐化和柔化效果时，可以直接使用程序中预设的样式。

图 4-3-19

（1）选择"汽车图片"文档，单击需要调整锐化或柔化效果的图片，如图4-3-19所示。

图 4-3-20

（2）选择目标图片后，单击"图片工具-格式"选项卡下"调整"选项组中的"更正"按钮，在展开的效果库中单击"锐化和柔化"组中的"锐化50%"选项，如图4-3-20所示，即可完成对图片进行锐化的操作。

2.调整图片亮度和对比度

亮度和对比度功能用于调整那些光线过亮或过暗的图片，如果单纯地将过暗的图片调亮，那么图片中的色彩就会发灰，此时再对对比度进行调整，就可以展现图片的靓丽色彩效果。

（1）打开"汽车图片"文档，单击需要调整亮度和对比度的图片，如图 4-3-21 所示。

图 4-3-21

（2）单击"图片工具－格式"选项卡下"调整"选项组中的"更正"按钮，在弹出的效果库中单击"亮度和对比度"组中的"亮度：-20%，对比度：+40%"选项，如图 4-3-22 所示。

图 4-3-22

（3）经过以上操作，就完成了调整图片亮度和对比度效果的操作。

3.调整图片的颜色饱和度

图片的颜色饱和度决定了图片色彩的鲜艳程序，如果想让图片更加亮丽即可通过调节饱和度来达到效果，但调节时要适可而止，否则引起反效果。

（1）打开"雪中树木图片"文档，单击需要调整颜色饱和度的图片，单击"图片工具－格式"选项卡下"调整"选项组中"颜色"按钮，如图 4-3-23 所示。

图 4-3-23

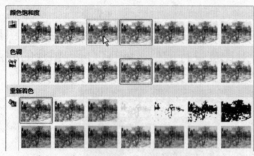

图 4-3-24

4.调整图片色调

图片的色调是通过色彩温度来控制的，色彩温度高的称为暖色调，而色彩温度低的就称为冷色调。调整图片色调时，除了可以使用 Word 预设的色调样式外，还可以进行自定义设置，下面介绍自定义调整图片色调的操作。

（2）展开"颜色"效果库后，单击"颜色"组中的"饱和度：300%"选项，如图 4-3-24 所示，即可完成对图片进行颜色饱和度的操作。

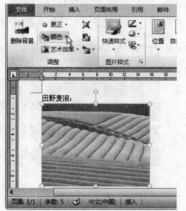

图 4-3-25

（1）打开"田野麦浪"文档，单击目标图片，单击"图片工具-格式"选项卡下"调整"选项组中的"颜色"按钮，如图 4-3-25 所示。

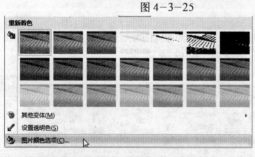

图 4-3-26

（2）在展开的下拉列表中单击"图片颜色选项"，如图 4-3-26 所示。

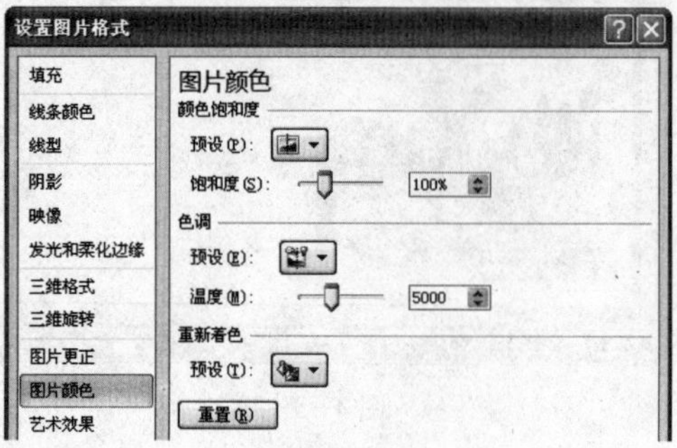

（3）弹出"设置图片格式"对话框，在"图片颜色"面板下"色调"选项组的"温度"数值框中输入需要的温度"5000"，如图 4-3-27 所示，然后单击"关闭"按钮。

（4）经过以上操作，就完成了设置图片色调的操作，返回文档中可以看到更改色调后的效果。

图 4-3-27

5.对图片进行重新着色

对图片重新着色可以更改图片的主体颜色，Word 程序中预设了 20 余种着色效果，预设的效果中包含了填充色、透明度等综合效果，所以使用 Word 预设效果可以制作出美观且多样的效果。

（1）打开"麦穗麦田图片"文档，单击需要进行着色的图片，单击"图片工具－格式"选项卡下"调整"选项组中的"颜色"按钮，如图 4-3-28 所示。

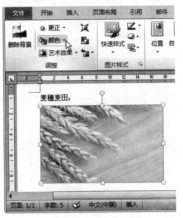

图 4-3-28

（2）在展开的"颜色"效果库中单击"重新着色"组中的"橄榄色，强调文字颜色 3 深色"选项，如图 4-3-29 所示。

（3）经过以上操作，就完成了对图片进行重新着色的操作，返回文档中即可看到着色后的效果。

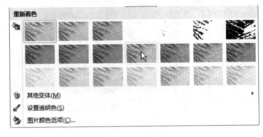

图 4-3-29

4.3.6　设置图片的艺术效果

在 Word 中，图片的艺术效果包括标记、铅笔灰度、铅笔素描、线条图、粉笔素描、画图笔划、画图刷、发光散射、虚化、浅色屏幕、水彩海绵、胶片颗粒等 22 种效果。

1.应用艺术效果

艺术效果可以使文档图片更为美观，应用时直接单击 Word 中预设的艺术效果即可。

（1）打开"可爱猫咪图片"文档，单击"图片工具－格式"选项卡下"调整"选项组中的"艺术效果"按钮，如图 4-3-30 所示。

图 4-3-30

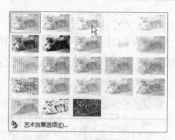

图 4-3-31

（2）展开艺术效果库后，单击需要使用的"铅笔灰度"选项，如图4-3-31所示。

（3）经过以上的操作，就完成了为图片应用艺术效果的操作。

2.更改艺术效果

为图片应用艺术效果后，每种艺术效果的参数都是预先设置好的，在应用效果后用户可以对艺术效果的参数进行更改。

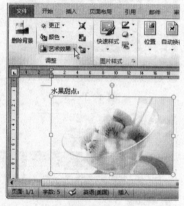

图 4-3-32

（1）打开"水果甜点"文档，选中目标图片，单击"图片工具-格式"选项卡下"调整"选项组中的"艺术效果"按钮，如图4-3-32所示。

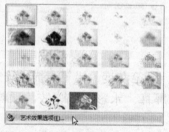

图 4-3-33

（2）在展开的艺术效果库中单击"艺术效果选项"，如图4-3-33所示。

图 4-3-34

（3）弹出"设置图片格式"对话框，在"艺术效果"选项面板中单击"艺术效果"按钮，在效果库中单击"纹理化"图标，如图4-3-34所示。

（4）选择需要使用的艺术效果后，拖动"缩放比例"滑块将数值设置为"100"，如图4-3-35所示，最后单击"关闭"按钮。

（5）经过以上操作后，就完成了对艺术效果参数进行自定义的操作。

图4-3-35

4.3.7　设置图片样式

样式是多种格式的总和，图片的样式包括为图片添加边框、效果的相关内容。为图片设置样式时，可以手动设置图片样式，也可以直接使用Word中预设的图片样式。

1.为图片添加边框

设置图片边框时，可分别对边框颜色、宽度以及图片边线进行设置。

（1）打开"蔬菜写真"文档，选中目标图标，在"图片工具-格式"选项卡下单击"图片样式"选项组中的"图片边框"按钮，在展开的颜色列表中单击"标准色"组中的"深红"图标，如图4-3-36所示。

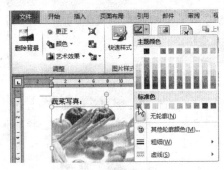

图4-3-36

（2）再次单击"图片边框"按钮，在展开的下拉列表中指向"粗细"选项，在弹出的级联列表中单击"3磅"选项，如图4-3-37所示。

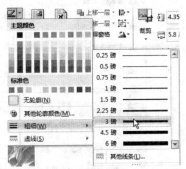

图4-3-37

（3）再次单击"图片边框"按钮，在展开的下拉列表中指向"虚线"选项，在弹出的级联列表中单击"圆点"线型，如图4-3-38所示。

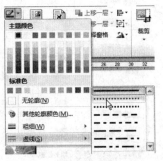

图4-3-38

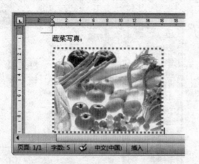

图4-3-39

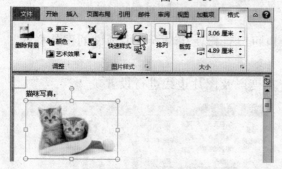

图4-3-40

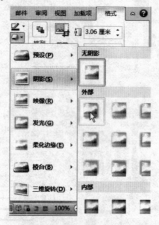

图4-3-41

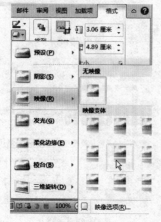

图4-3-42

（4）经过以上操作，即可完成图片边框的设置操作，如图4-3-39所示。

2.设置图片效果

图片效果包括阴影、映像、发光、柔化边缘、棱台和三维旋转等6方面。

（1）打开"猫咪写真"文档，选中设置图片效果的图片，在"图片工具－格式"选项卡下单击"图片样式"选项组中的"图片效果"按钮，如图4-3-40所示。

（2）在展开的效果库中指向"阴影"选项，在级联列表中单击"外部"组中的"向右偏移"图标，如图4-3-41所示。

（3）再次单击"图片效果"按钮，在展开的效果库中指向"映像"选项，在级联列表中单击"半映像，4pt偏移量"选项，如图4-3-42所示，完成映像效果的设置。

（4）设置图片映像效果后，再次单击"图片效果"按钮，在展开的效果库中指向"棱台"选项，在级联列表中单击"棱纹"选项，如图4-3-43所示，完成棱台效果的设置。

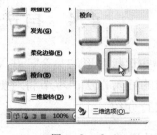

图4-3-43

（5）经过以上的操作，即可完成为图片设置效果的操作，如图4-3-44所示。

图4-3-44

3.应用程序预设样式

在Word中预设了一些图片样式，为图片设置样式时，可直接应用预设样式快速完成操作。

图4-3-45

（1）继续上例中的操作，选中需要应用预设样式的图片，在"图片工具-格式"选项组中选择快翻按钮，如图4-3-45所示。

（2）在展开的图片库中单击"映像棱台，黑色"样式图标，如图4-3-46所示。

图4-3-46

（3）经过以上操作，就完成了为图片应用预设样式的操作，最终效果如图4-3-47所示。

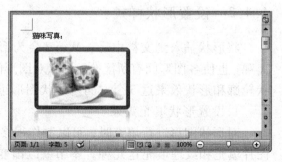

图4-3-47

4.4 自选图形的应用

自选图形是一些形状图形的集合，在 Word 中的使用非常广泛，在前面的章节中已经介绍了自选图形的插入方法。本节将对更改图形形状、设置图形样式以及组合图形等更进一步的操作进行介绍。

4.4.1 更改图形样式

为文档插入自选图形后，如果发现该图形与文本内容不能完全配合时，可直接对图形的形状进行更改。

图 4-4-1

（1）打开"按钮"文档，选择需要更改形状的自选图形，切换到"绘图工具－格式"选项卡下，单击"插入形状"选项组中的"编辑形状"按钮，如图 4-4-1 所示。

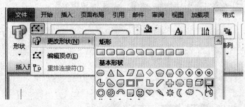

图 4-4-2

（2）在下拉列表中指向"更改形状"选项，在展开的形状库中单击"棱台"图标，如图 4-4-2 所示。

图 4-4-3

（3）经过以上操作，就完成了更改图形形状的操作，如图 4-4-3 所示。

4.4.2 设置形状样式

将形状插入到文档中后，Word 会为形状图形应用内置样式，为了使图形效果更为美观，也使各图形间有所区分，可以对图形的形状样式进行设置。可以通过形状填充、形状轮廓和形状效果这 3 个方面对形状图形进行设置。

1.设置形状填充效果

对形状图形进行填充时，可以制作很多种填充效果，主要包括纯色填充、渐变填充、图片填充和纹理填充这几种。本节就以渐变填充与纹理填充为例来介绍对形状图形进行填充操作方法。

（1）继续上例的操作，选择目标自选图形，切换到"绘图工具－格式"选项卡，单击"形状样式"选项组的对话框启动器，如图 4-4-4 所示。

图 4-4-4

（2）弹出"设置形状格式"对话框，单击"填充"选项标签，然后在"填充"选项面板中单击"渐变填充"单选按钮。

（3）单击"预设颜色"按钮，在展开的样式库中单击"宝石蓝"图标，如图 4-4-5 所示，最后单击"关闭"按钮，完成填充样式的选择。

图 4-4-5

（4）经过以上操作，就完成了为图形形状填充颜色的操作，返回文档中即可看到设置的渐变填充效果，如图 4-4-6 所示。

图 4-4-6

2．设置形状轮廓

形状轮廓的设置主要包括无轮廓以及实线填充，下面分别对无轮廓和实线填允的操作方法进行讲解。

（1）选中目标图形，单击"绘图工具－格式"选项卡下"形状样式"选项组中的"形状轮廓"按钮，在下拉列表中单击"标准色"组中的"浅蓝色"图标，如图 4-4-7 所示。

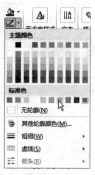

图 4-4-7

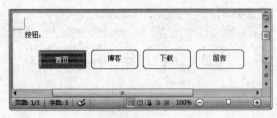

图 4-4-8

（2）经过以上的操作，即可完成自定义设置轮廓线的操作，效果如图4-4-8所示。如需对轮廓进行更多设置，可在"形状轮廓"下拉列表中通过相应选项对轮廓的粗细、线型等选项进行设置。

3.设置形状效果

形状效果包括阴影、映像、发光、柔化边缘、棱台和三维旋转等6种内容的设置，设置的方法与图片效果的设置方法类似。

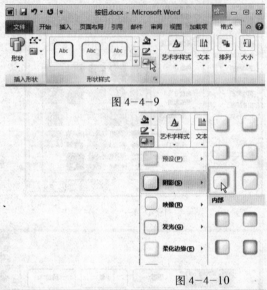

图 4-4-9

（1）继续上例的操作，选中需要设置效果的图形后，单击"形状样式"选项组中的"形状效果"按钮，如图4-4-9所示。

图 4-4-10

（2）展开形状效果库后指向"阴影"选项，在弹出的级联列表中单击"右上斜偏移"图标，如图4-4-10所示。

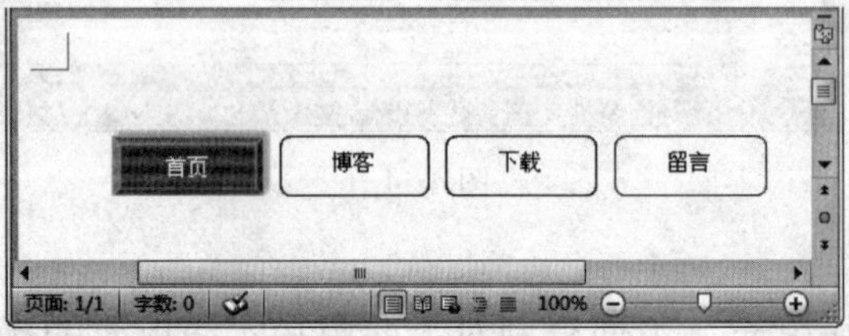

图 4-4-11

（3）经过以上操作，就完成了使用预设形状效果改变图形的操作，如图4-4-11所示。

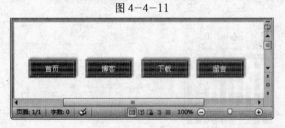

图 4-4-12

（4）为其余的按钮设置图形形状和形状样式，最终效果如图4-4-12所示。

4.4.3 组合形状图形

为 Word 文档插入的每个图形都是独立的，但是通过组合形状图形，可以将若干个形状图形组合在一起，这样有利于图形的整体移动等编辑操作，下面就来介绍两种组合图形的方法。

方法一：使用快捷菜单组合操作

（1）打开"按钮"文档，按住 Ctrl 键的同时依次单击需要组合的图形，然后单击鼠标右键，在弹出的菜单中依次单击"组合 → 组合"选项，如图 4-4-13 所示。

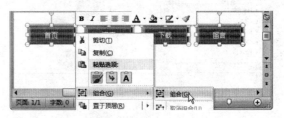

图 4-4-13

（2）经过以上操作，就可以将选中的形状图形组合在一起，单击其中任意一个形状即可选中该组合内的所有图形，如图 4-4-14 所示。只要移动一个图形的位置，就可以移动整个图形组。

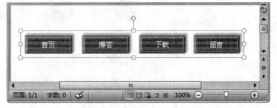

图 4-4-14

方法二：使用选项组按钮组合图形

（1）按住 Ctrl 键的同时依次单击需要组合的图标，切换到"绘图工具-格式"选项卡，单击"排列"选项组中的"组合"按钮，在展开的下拉列表中单击"组合"选项，如图 4-4-15 所示。

图 4-4-15

（2）经过以上操作，就可以将选中的形状图形组合在一起，单击其中任意一个形状即可选中该组合内的所有图形。

4.5　使用 SmartArt 图形

创建 SmartArt 图形后只是创建了图形的外形，对图形中的文本、图片、样式等还需要重新设置。为了提高用户对 SmartArt 图形的理解和掌握能力，本节中将对 SmartArt 图形进一步的使用进行介绍。

4.5.1　为 SmartArt 图形添加文本

为 SmartArt 图形添加文本时，可通过"文本"窗格添加，也可以直接在形状中添加。下面分别介绍这两种方法的使用。

方法一：在"文本"窗格中添加文本

（1）打开"某公司废旧料再生利用循环图"文档，选中 SmartArt 图形后单击图形左侧的展开按钮，如图 4-5-1 所示。

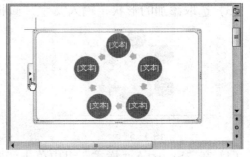

图 4-5-1

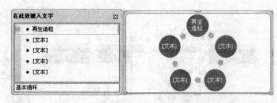

图 4-5-2

（2）打开"文本"窗格后可以看到很多"文本"字样，单击需要输入文字的图形中的"文本"，将光标定位在其中，然后输入文字，形状中就会显示出相应的文字，如图4-5-2所示。

方法二：直接在形状中添加文本

（1）继续上例的操作，单击需要输入文本的SmartArt图形形状中的"文本"字样，将光标定位在其中，如图4-5-3所示。

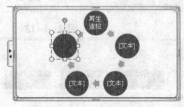

图 4-5-3

（2）直接输入需要的文本，在相应的形状中即可看到输入的文本内容，如图4-5-4所示。

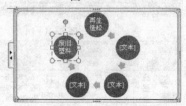

图 4-5-4

（3）继续输入其他的文本，效果如图4-5-5所示。

图 4-5-5

4.5.2 编辑 SmartArt 图形

插入SmartArt图形后，如果预设的效果不符合要求，则可以对其进行编辑操作，例如添加和删除形状，套用形状样式和更换图标类型等。

（1）继续上例的操作，将插入点定位在"废旧塑料"框中，然后选择SmartArt工具中的"设计"选项卡。

（2）在"创建图形"组中单击"添加形状"按钮，在弹出的菜单中选择"在后面添加形状"命令，即可在后面添加形状，如图4-5-6所示。

（3）选取添加的形状，输入文字"回收站"，效果如图4-5-7所示。

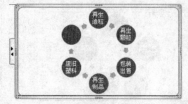

图 4-5-6

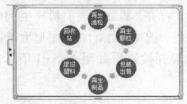

图 4-5-7

（4）在"SmartArt样式"组中单击"更改颜色"按钮，在弹出的菜单的"彩色"选项区域中选择第2种样式,并在其后的"外观样式"列表框中选择"白色轮廓"选项,效果如图4-5-8所示。

(5)选取形状"回收站",选择SmartArt工具中的"格式"选项卡,在"形状样式"组中单击"形状填充"按钮,在弹出的菜单中选择"渐变"命令的子命令,对所选取的形状进行填充,如图4-5-9所示。

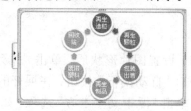

图4-5-8

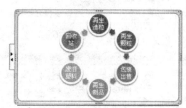

图4-5-9

(6)使用同样的方法设置其他形状的渐变效果,效果如图4-5-10所示。

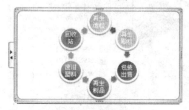

图4-5-10

4.6 实例——制作新年贺卡

【操作步骤】

(1)新建Word文档,在"插入"选项卡单击"插图"选项组中的"图片"按钮,如图4-6-1所示。

图4-6-1

(2)弹出"插入图片"对话框,按住Ctrl键的同时依次选中目标图片,单击"插入"按钮,如图4-6-2所示。

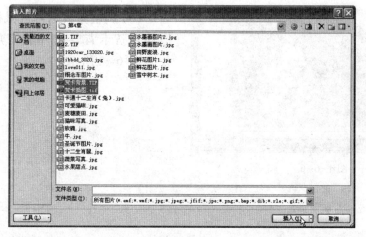

图4-6-2

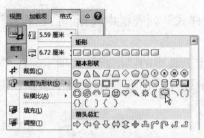

图 4-6-3

（3）选中年画图片，单击"大小"选项组中的"裁剪"按钮，在展开的列表中依次单击"裁剪为形状→云形"，如图4-6-3所示。

图 4-6-4

（4）设置图片形状后，单击"排列"选项组中的"自动换行"按钮，在展开的下拉列表中单击"浮于文字上方"选项，如图4-6-4所示。

图 4-6-5

（5）将鼠标指针置于图片右上角的控制手柄上，按住鼠标左键向内拖动，如图4-6-5所示，调整图片大小。

图 4-6-6

（6）调整完成后释放鼠标左键，将图片拖动到贺卡背景图片右下角的适当位置，如图4-6-6所示。

（7）将图片移动到目标位置后，单击
"图片样式"选项组中"图片效果"按钮，如
图4-6-7所示。

图4-6-7

（8）在图片效果库中指向"预设"选项，
在级联列表中单击"预设"组中的"预设12"
图标，如图4-6-8所示。

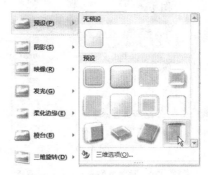

图4-6-8

（9）切换到"插入"选项卡，单击"插
图"选项组中的"形状"按钮，在展开的形
状库中单击"基本形状"组中的"垂直文本
框"图片，如图4-6-9所示。

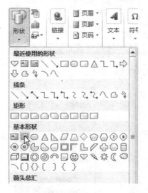

图4-6-9

（10）选择形状样式后，在图片的适当
位置按住鼠标左键拖动以绘制大小适当的
文本框，如图4-6-10所示。

图4-6-10

图 4-6-11

（11）在文本框中输入需要的文本，然后按住鼠标左键拖动选中文本内容，如图4-6-11所示。

图 4-6-12

（12）切换到"开始"选项卡，单击"字体"选项组中"字体"下拉列表框右侧的下三角按钮，在展开的下拉列表框中单击"华文行楷"选项，如图4-6-12所示。

图 4-6-13

（13）在"字号"下拉列表中单击"一号"选项，设置文本颜色为标准黄色，如图4-6-13所示。

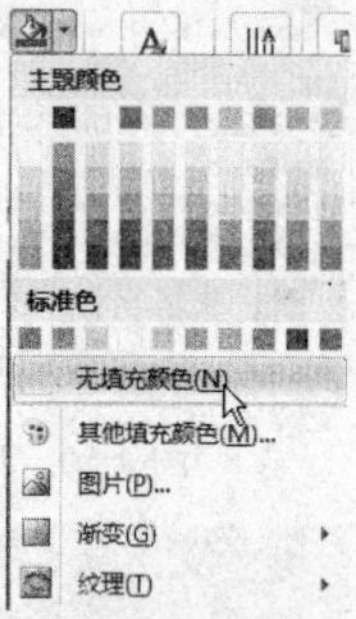

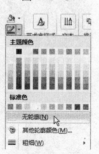

图 4-6-14

（14）切换到"绘图工具－格式"选项卡，单击"形状样式"选项组中的"形状填充"按钮，在展开的下拉列表中单击"无填充颜色"选项，如图4-6-14所示。

（15）取消了文本框的填充效果后，单击"形状样式"选项组中的"形状轮廓"按钮，在展开的下拉列表中单击"无轮廓"选项，如图4-6-15所示。

图 4-6-15

（16）单击文档中的贺卡背景图片，单击"图片工具－格式"选项卡下"调整"选项组中的"颜色"按钮，如图4-6-16所示。

图 4-6-16

（17）在效果库中单击"重新着色"组中的"冲蚀"选项，如图4-6-17所示。

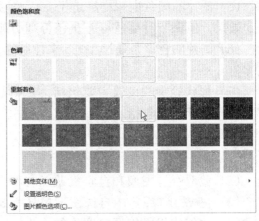

图 4-6-17

（18）经过以上操作，就完成了新年贺卡的制作，如图4-6-18所示，最后对文档进行保存。

图 4-6-18

4.7　小　结

本章主要讲解在 Word 文档中如何使用和编辑图片、剪贴画、自选图形或是 SmartArt 图形，通过本章的学习，读者应能在文章中插入一些图形和图片，使制作出来的文章或报告显得生动有趣，也有利于理解文章的内容。

4.8　习　题

填空题

（1）在 Word 2010 中插入图片的途径主要有 3 种，_____、_____以及_____。

（2）剪贴画是_____。

（3）SmartArt图形是Word中预设的形状、文字以及样式的集合，包括_____、
_____、_____、_____、_____、_____、棱锥图和图片7种类型。

（4）图片在文档中的排列方式决定了图片与文本的关系，在Word中有_____、
_____、_____、_____、_____、_____、等7种方式。

（5）图片的颜色饱和度决定了_____，如果想让图片更加亮丽即可通过调节_____来
达到效果，但调节时要适可而止，否则引起反效果。

（6）图片的色调是通过_____来控制的，色彩温度高的称为_____，而色彩温度低的
就称为_____。

（7）形状轮廓的设置主要包括_____以及_____。

（8）形状效果包括_____、_____、_____、_____、棱台和三维旋转等6种。

简答题

（1）截取全屏图像和自定义截图有什么区别？
（2）在Word程序中自选图形包括哪8种类型？
（3）如何使用鼠标调整图片的大小？
（4）如何将图片按照比例进行裁剪？
（5）锐化和柔化的功能是什么？
（6）亮度和对比度的功能是什么？
（7）图片的艺术效果都包括什么？

操作题

创建"投笔从戎"文档，效果如图4-8-1所示。

图4-8-1

操作提示：

①在文档首部插入艺术文字"投笔从戎"，设置其版式为"上下型环绕"并调整其
位置。

②插入一幅图片，调整其大小和位置并设置其版式为"四周型环绕"。

③设置图片的预设效果为"预设1"。

第5章　Word 2010 的表格处理

本章学习目标：
- 为文档插入表格
- 编辑表格
- 美化表格

5.1　为文档插入表格

在 Word 2010 中插入表格可以通过 4 种方法实现，分别是使用虚拟表格插入、使用对话框插入、手动绘制表格以及将文本直接转换为表格。这 4 种方法有各自的特点，用户可以根据需要选择适当的方法插入表格。

5.1.1　使用虚拟表格插入真实表格

使用虚拟表格可以快速完成表格的插入，但是使用虚拟表格最多只能够插入 10 列 8 行单元格的表格，需要插入更多行列的单元格时可以使用其他方法。

（1）新建一个空白的 Word 文档，切换到"插入"选项卡，单击"表格"选项组中的"表格"按钮，在下拉列表中的虚拟表格中移动光标，经过需要插入的表格行列，确定后单击鼠标左键，如图 5-1-1 所示。

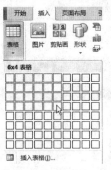

图 5-1-1

（2）经过以上操作，Word 就会根据光标所经过的单元格插入相应的表格，如图 5-1-2 所示。

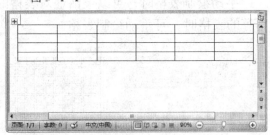

图 5-1-2

5.1.2　使用对话框插入表格

使用对话框插入表格时，可以插入拥有任何数量单元格的表格，并可以对表格的自动调整操作进行设置。

图 5-1-3

（1）新建一个空白的 Word 文档，切换到"插入"选项卡，单击"表格"选项组中的"表格"按钮，在展开的下拉列表中单击"插入表格"选项，如图 5-1-3 所示。

图 5-1-4

（2）弹出"插入表格"对话框，在"列数"与"行数"数值框中输入相应的数值，单击"'自动调整'操作"选项组中的"根据内容调整表格"单选按钮后，单击"确定"按钮，如图 5-1-4 所示。

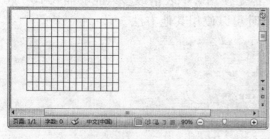

图 5-1-5

（3）返回文档中即可看到插入的表格，由于表格中没有具体内容，所以表格处于最小状态，如图 5-1-5 所示。

5.1.3　手动绘制表格

手动绘制表格时，可以灵活地对表格的单元格进行绘制，需要制作每行单元格数量不等的表格时，可手动绘制表格。

图 5-1-6

（1）新建一个空白的 Word 文档，切换到"插入"选项卡，单击"表格"选项组中的"表格"按钮，在弹出的下拉列表中单击"绘制表格"选项，如图 5-1-6 所示。

（2）当鼠标指针变为铅笔形状时，在需要绘制表格的位置按住左键拖动鼠标，绘制出表格的边框，至合适大小后释放鼠标左键，如图5-1-7所示。

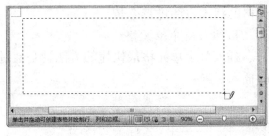

图5-1-7

（3）绘制表格的边框后，在框内横向拖动鼠标绘制表格的行线，如图5-1-8所示，按照同样的方法绘制表格的其他行。

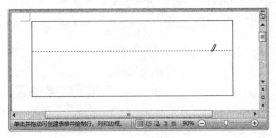

图5-1-8

（4）在表格框的适当位置纵向拖动鼠标，绘制表格的列线，如图5-1-9所示。

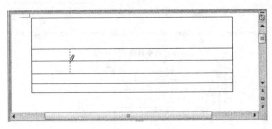

图5-1-9

（5）经过以上步骤，即可完成手动绘制表格的操作，如图5-1-10所示。

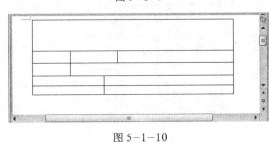

图5-1-10

5.2　编　辑　表　格

插入表格后需要为表格添加数值，由于不同的内容所对应的单元格大小会有所不同，因此在填充表格内容后还需要在后期对表格的单元格进入插入、删除、合并等编辑操作。

5.2.1　为表格添加单元格

在编辑表格的过程中，如果单元格的数量不够可以中途插入单元格。插入不同形式的单元格，使用的方法也会有所不同，本节中将对单个单元格、整行单元格以及整列单元格的插入方法进行介绍。

1.插入单个单元格

插入单个单元格最快捷的方法就是通过对话框完成操作，插入时需要设置好单元格的插入位置。

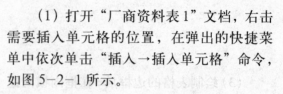

图 5-2-1

（1）打开"厂商资料表1"文档，右击需要插入单元格的位置，在弹出的快捷菜单中依次单击"插入→插入单元格"命令，如图 5-2-1 所示。

图 5-2-2

（2）弹出"插入单元格"对话框，选择"活动单元格右移"单选按钮后单击"确定"按钮，如图 5-2-2 所示。

图 5-2-3

（3）经过以上操作，就完成了插入单元格的操作，返回文档中即可看到插入后的效果，如图 5-2-3 所示。

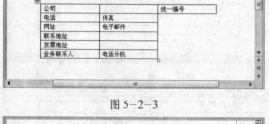

图 5-2-4

（4）使用相同的方法，插入其他的单元格，如图 5-2-4 所示。

2.插入整行单元格

需要为表格插入整行单元格时，最快捷的方法是使用键盘中的Enter键进行插入，操作方法如下：

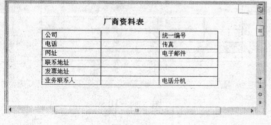

（1）继续上例的操作，将光标定位在需要插入整行单元格的上一单元格的行尾，如图 5-2-5 所示。

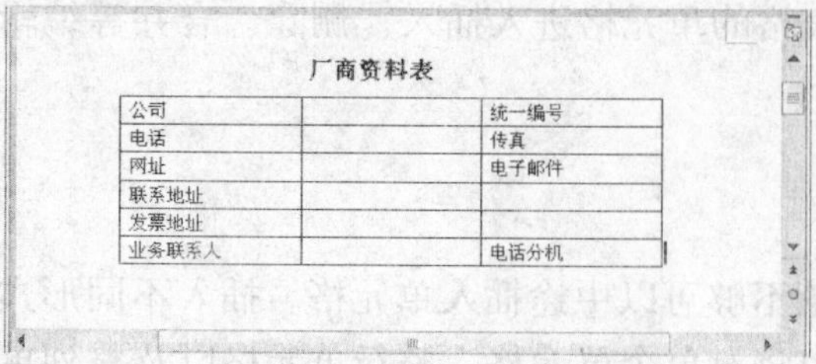

图 5-2-5

（2）定位光标的位置后，按一下 Enter 键，即可插入一行单元格，如图 5-2-6 所示。

图 5-2-6

3.插入整列单元格

需要为表格插入整列单元格时，可以通过选项组中的按钮完成操作。

（1）打开"厂商资料表 2"文档，将光标定位在需要插入单元格的右侧的任意一个单元格中，切换到"表格工具－布局"选项卡，单击"行和列"选项组中的"在右侧插入"按钮，如图 5-2-7 所示。

图 5-2-7

（2）经过以上操作即可在表格中插入整列的单元格，如图 5-2-8 所示。

图 5-2-8

5.2.2　调整单元格大小

插入表格时，Word 对单元格的大小为默认设置，但是由于放置不同内容，单元格所需要的大小会有所不同，因此需要对单元格的大小进行调整。在调整单元格大小时，可以手动进行调整，也可以在选项组中进行精确调整。

方法一：手动调整单元格大小

（1）打开"厂商资料表 3"文档，将鼠标指针指向需要调整的单元格下方的列线，当指针变为 ÷ 形状时，按住左键向下拖动鼠标，如图 5-2-9 所示，拖至合适高度后释放鼠标左键。

图 5-2-9

（2）将单元格调整到合适高度后，再将鼠标指针指向单元格右侧的列线，当指针变为 ╫ 形状时，按住左键向左拖动鼠标，如图 5-2-10 所示，拖至合适宽度后释放鼠标左键。

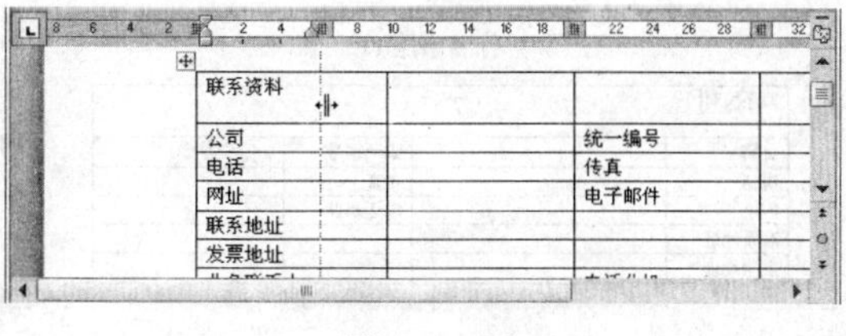

图 5-2-10

图 5-2-11

图 5-2-12

图 5-2-13

图 5-2-14

5.2.3 合并单元格

图 5-2-15

图 5-2-16

（3）经过以上操作，就完成了手动调整单元格大小的操作，调整后即可看到相应效果，如图 5-2-11 所示。

方法二：在选项组中精确调整单元格大小

（1）将光标定位在需要调整大小的单元格内，如图 5-2-12 所示。

（2）切换到"表格工具－布局"选项卡，在"单元格大小"选项组的"宽度"与"高度"数值框中分别输入需要的数值，如图 5-2-13 所示。

（3）设置完单元格大小的数值后，单击文档中的任意位置，就完成了调整单元格大小的操作，调整后的效果如图 5-2-14 所示。

合并单元格可以将几个单元格合并为一个单元格，合并后单元格的大小将不会发生改变。

（1）打开"厂商资料表 4"文档，选中表格中第一行单元格，切换到"表格工具－布局"选项卡，单击"合并"选项组中"合并单元格"按钮，如图 5-2-15 所示。

（2）经过以上操作，就完成了将几个单元格合并为一个单元格的操作，合并单元格效果如图 5-2-16 所示。

5.2.4 拆分单元格与表格

与合并单元格相反，拆分单元格是将一个单元格拆分为多个单元格，而拆分表格则是将一张表格拆分为两张独立的表格，本节中就介绍拆分单元格与拆分表格的操作。

1.拆分单元格

拆分单元格时，执行拆分操作后可以根据需要来设置拆分后单元格行与列的数量。

（1）打开"课程表"文档，将光标定位在需要拆分的单元格内，切换到"表格工具－布局"选项卡，单击"合并"选项组中的"拆分单元格"按钮，如图5-2-17所示。

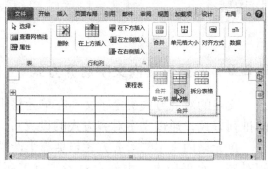

图 5-2-17

（2）弹出"拆分单元格"对话框，在"行数"与"列数"数值框中分别输入相应的数值，然后单击"确定"按钮，如图5-2-18所示。

图 5-2-18

（3）使用相同的方法，继续拆分其他单元格，经过以上操作，就完成了拆分单元格的操作，返回文档中即可看到拆分后的效果，如图5-2-19所示。

图 5-2-19

2.拆分表格

在拆分表格时一次只能将一个表格拆分为两个表格，具体操作步骤如下：

（1）打开"厂商资料表（5）"，将光标定位在拆分后第二张表格的起始单元格中，单击"表格工具－布局"选项卡下"合并"选项组中的"拆分表格"按钮，如图5-2-20所示。

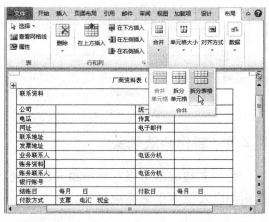

图 5-2-20

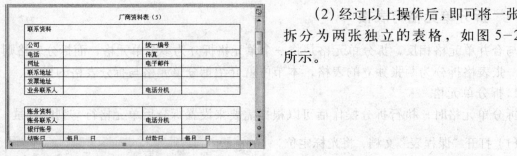

图 5-2-21

（2）经过以上操作后，即可将一张表格拆分为两张独立的表格，如图 5-2-21 所示。

5.2.5 设置表格内文字对齐方式

文字的对齐方式决定了文本在单元格中的位置，而文字的方向则是指单元格中文字的排列方式，通过文字对齐方式的设置可以让表格中的内容更加整齐。

单元格内文字的对齐方式包括靠上两端对齐、靠上居中对齐、靠上右对齐、中部两端对齐、水平居中、中部右对齐、靠下两端对齐、靠下居中对齐和靠下右对齐等 9 种方式。

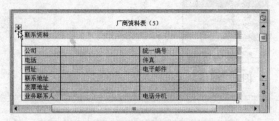

图 5-2-22

（1）打开"厂商资料表5"文档，单击表格右上角的囲图标，选中整个表格，如图 5-2-22 所示。

图 5-2-23

（2）选择整张表格后，切换到"表格工具－布局"选项卡，单击"对齐方式"选项组中的"水平居中"按钮，如图 5-2-23 所示。

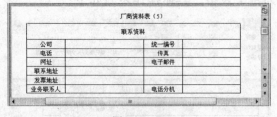

图 5-2-24

（3）经过以上操作，就可以将表格中所有的文本内容都设置为居中对齐，效果如图 5-2-24 所示。

5.2.6 制作斜线表头

使用斜线表格可以在一个单元格中表达出多种内容，制作斜线表头时，需要使用自选图形以及文本框来完成操作。

（1）打开"课程表"文档，切换到"插入"选项卡，单击"插图"选项组中的"形状"按钮，在展开的形状库中单击"线条"组中的"直线"图标，如图 5-2-25 所示。

图 5-2-25

（2）选择需要添加的形状后返回文档中，在需要添加斜线的单元格左上角开始按住左键拖动鼠标，绘制斜线表头的斜线，如图 5-2-26 所示，至目标长度后释放鼠标左键。

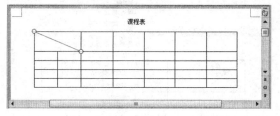

图 5-2-26

（3）绘制完毕后，切换到"绘图工具-格式"选项卡，单击"形状样式"选项组中的"形状轮廓"按钮，在展开的颜色列表中单击"黑色，文字 1"颜色图标，如图 5-2-27 所示。

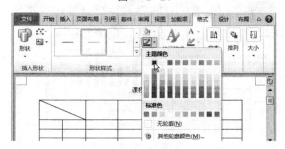

图 5-2-27

（4）设置斜线颜色后，再次单击"形状轮廓"按钮，在展开的颜色列表中指向"粗细"选项，在级联列表中单击"1 磅"选项，如图 5-2-28 所示。

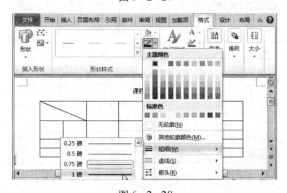

图 5-2-28

（5）将斜线格式设置好后，单击"插入形状"选项组中的"文本框"图标，如图 5-2-29 所示。

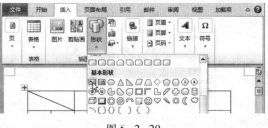

图 5-2-29

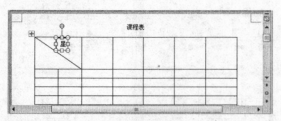

图 5-2-30

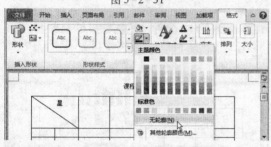

图 5-2-31

(6) 选择文本框类型后,在单元格的适当位置按住左键拖动鼠标,绘制一个文本框,并在其中输入"星"字,然后选中文本框,如图 5-2-30 所示。

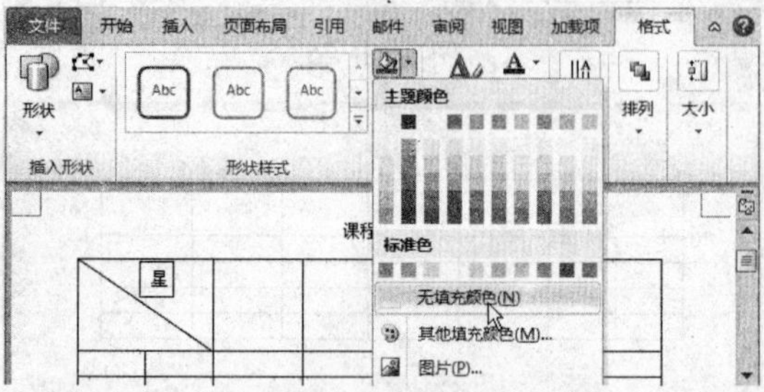

(7) 切换到"绘图工具-格式"选项卡,单击"形状样式"选项组中的"形状填充"按钮,在展开的颜色列表中单击"无填充颜色"选项,如图 5-2-31 所示。

(8) 单击"形状样式"选项组中的"形状轮廓"按钮,在展开的颜色列表中单击"无轮廓"选项,如图 5-2-32 所示。

图 5-2-32

图 5-2-33

(9) 在"大小"选项组的"形状高度"数值框中输入"0.7厘米",在"形状宽度"数值框中输入"0.7厘米",如图 5-2-33 所示,最后单击文档中的任意位置,完成调整文本框大小的操作。

(10) 设置好文本框的大小后,单击"形状样式"选项组的对话框启动器,如图 5-2-34 所示。

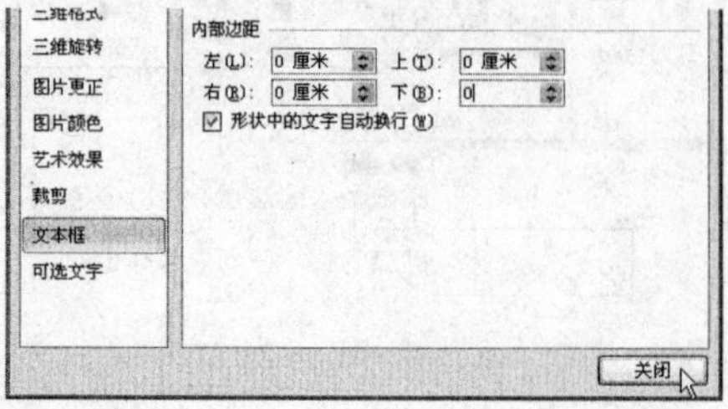

图 5-2-34

(11) 弹出"设置形状格式"对话框,单击"文本框"选项标签,再在"设置形状格式"对话框中,单击"文本框"选项标签,然后在"内部边距"选项组中的"左"、"右"、"上"、"下"数值框内分别输入"0",最后单击"关闭"按钮,如图 5-2-35 所示。

图 5-2-35

（12）返回文档中，按住 Ctrl 键的同时单击设置好的文本框，当光标变成 ⇱ 形状时拖动文本框，至目标位置后释放鼠标左键，如图 5-2-36 所示，完成文本框的复制。

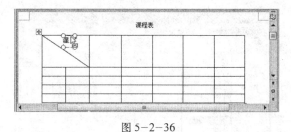

图 5-2-36

（13）复制文本框后，将文本框内的文本更改为需要的内容，直接完成斜线表头的制作，如图 5-2-37 所示。

图 5-2-37

5.3 美 化 表 格

美化表格时，可以针对表格的底纹和边框对表格进行设置，另外 Word 预设了一些表格样式，美化表格时可以直接应用预设的表格样式。

5.3.1 为表格添加底纹

为表格设置底纹效果时，可以使用颜色或图案对表格进行填充，操作步骤如下：

（1）打开"厂商资料表 8"文档，选中需要添加底纹的单元格区域，如图 5-3-1 所示。

图 5-3-1

（2）选择目标单元格后，切换到"表格工具 - 设计"选项卡，单击"表格样式"选项组中的"边框"按钮，在下拉列表中单击"边框和底纹"选项，如图 5-3-2 所示。

图 5-3-2

（3）弹出"边框和底纹"对话框，切换到"底纹"选项卡，单击"填充"框右侧的下三角按钮，在展开的颜色列表中单击"橙色，强调文字颜色 6，深色 25%"图标，如图 5-3-3 所示。

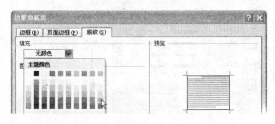

图 5-3-3

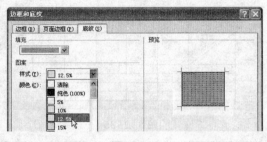

图 5-3-4

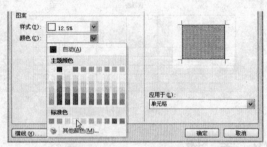

图 5-3-5

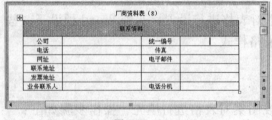

图 5-3-6

（4）设置单元格的填充颜色后，单击"图案"选项组中"样式"下拉列表框右侧的下三角按钮，在展开的下拉列表框中单击"12.5%"选项，如图 5-3-4 所示。

（5）选择填充的图案样式后，单击"图案"选项组中的"颜色"选项右侧的下三角按钮，在展开的颜色列表中单击"标准色"组中的"黄色"图标，如图 5-3-5 所示，最后单击"确定"按钮。

（6）经过以上操作，就完成了为表格设置底纹的操作，返回文档中即可看到设置后的效果，如图 5-3-6 所示。

5.3.2　设置表格边框

为表格设置边框时，可从边框的样式、颜色和粗细 3 方面来进行设置，为了进行区分，可将表格的外边框与内线设置为不同的效果，具体操作步骤如下。

图 5-3-7

（1）继续上例的操作，直接单击"表格样式"选项组中的"边框"按钮，如图 5-3-7 所示。

（2）弹出"边框和底纹"对话框，在"边框"选项卡下单击"设置"选项组中的"方框"图标，然后在"样式"列表框中选择"双实线"选项，如图 5-3-8 所示。

图 5-3-8

（3）选择边框样式后单击"颜色"列表
框右侧的下三角按钮，在展开的颜色列表
中单击"水绿色，强调文字颜色 5，深色
25%"图标，如图 5-3-9 所示。

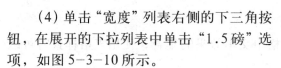

图 5-3-9

（4）单击"宽度"列表右侧的下三角按
钮，在展开的下拉列表中单击"1.5 磅"选
项，如图 5-3-10 所示。

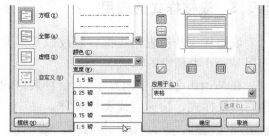

图 5-3-10

（5）设置完成边框的样式后单击"确
定"按钮，返回文档中就可以看到设置的外
边框效果，如图 5-3-11 所示。

图 5-3-11

（6）再次打开"边框和底纹"对话框，
在"样式"列表框中单击"实线"选项，然
后将"颜色"设置为"水绿色，强调文字颜
色 5，深色 25%"，将"宽度"设置为
"1.5 磅"，如图 5-3-12 所示。

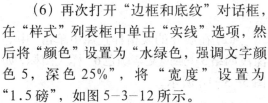
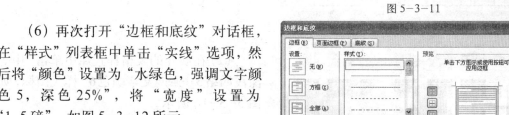

图 5-3-12

（7）设置完成边框样式后，在"预览"
选项组中分别单击左侧第二个边框图标和
下方第二个边框图标，如图 5-3-13 所示。

图 5-3-13

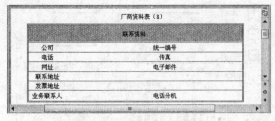

图 5-3-14

（8）设置好边框的选项后，单击"确定"按钮，返回文档中，就可以看到设置好的边框效果，如图 5-3-14 所示。

5.3.3　表格样式的应用

表格样式是指表格边框、底纹以及单元格中文本效果的集合，使用表格样式时可以选用 Word 中预设的样式。

在 Word 2010 中内置了 90 余种表格的样式，美化表格时可根据需要为表格选择适当的内置样式，快速完成美化操作。

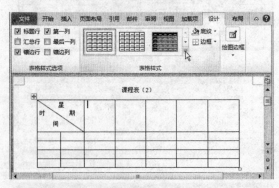

图 5-3-15

（1）打开"课程表 2"文档，将光标定位在任意单元格内，切换到"表格工具－设计"选项卡，单击"表格样式"选项组的快翻按钮，如图 5-3-15 所示。

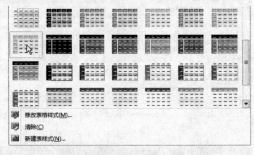

图 5-3-16

（2）在展开的表格样式库中单击"中等深浅网络 3－强调文字颜色 6"样式图标，如图 5-3-16 所示。

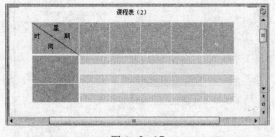

图 5-3-17

（3）选择需要使用的表格样式后，返回文档即可看到应用后的效果，如图 5-3-17 所示。

5.4 实例——制作用户调查反馈表

【操作步骤】

(1) 启动 Word 2010，新建一个空文档并命名为"用户调查反馈表"。在插入点处输入标题"用户调查反馈表"并设置其格式为"汉仪粗圆简、二号、加粗、红色、居中"，如图 5-4-1 所示。

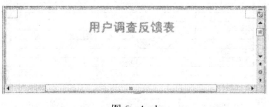

图 5-4-1

(2) 将插入点定位在标题的下一行中，选择"插入"选项卡，在"表格"组中单击"表格"按钮，在弹出的菜单中选择"插入表格"命令，打开"插入表格"对话框，在"行数"和"列数"文本框中分别输入 15 和 3。

(3) 单击"确定"按钮，关闭"插入表格"对话框，在文档中将插入一个 15×3 的规则表格，如图 5-4-2 所示。

图 5-4-2

(4) 将插入点定位在表格的最后一列，选择表格工具的"布局"选项卡，在"行和列"组中单击"在右侧插入"按钮，在表格中插入一列，如图 5-4-3 所示。

图 5-4-3

(5) 选取表格的第1行，选择表格工具的"布局"选项卡，在"合并"组中单击"合并单元格"按钮，合并单元格，并使用相同的方法，合并表格的第10、第14和第15行单元格，如图 5-4-4 所示。

图 5-4-4

图 5-4-5

（6）选取第3行的后3列单元格，选择表格工具的"布局"选项卡，在"合并"组中单击"合并单元格"按钮，合并单元格，使用同样的方法，合并第4、第8和第9行的后3列单元格，如图5-4-5所示。

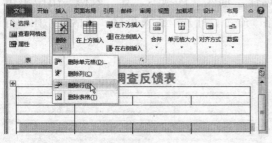

图 5-4-6

（7）选择表格的第5行，选择表格工具的"布局"选项卡，在"行和列"组中单击"删除"按钮，在弹出的菜单中选择"删除行"命令，删除该行，如图5-4-6所示。

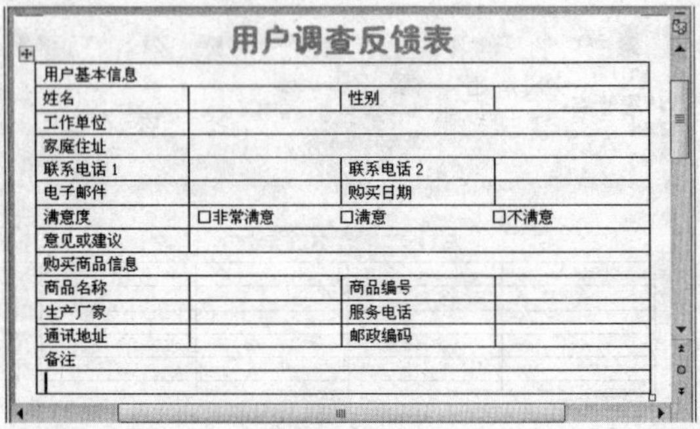

图 5-4-7

（8）在表格中输入文本，如图5-4-7所示。

（9）将插入点定位在表格的第1行，选择表格工具的"布局"选项卡，在"单元格大小"组的"表格行高度"微调框中输入"0.8厘米"，设置行的高度。

（10）使用同样的方法，将第9和第13行的高度均设为0.8厘米，将第8和第14行的高度设为1.2厘米，如图5-4-8所示。

图 5-4-8

（11）选取表格中的部分文本，选择表格工具的"布局"选项卡，在"对方方式"组中单击"水平居中"按钮，设置文本为中部居中，如图5-4-9所示。

图5-4-9

（12）选取第1、第9和第13行的文本，在浮动工具栏的"字体"下拉列表框中选择"华文中宋"选项，设置文本的字体，如图5-4-10所示。

图5-4-10

（13）将插入点定位在表格中，选择表格工具的"设计"选项卡，在"表格样式"组中单击"边框"按钮，在弹出的菜单中选择"边框和底纹"命令，打开"边框和底纹"对话框。

（14）选择"边框"选项卡，在"设置"选项区域中选择"虚框"选项，在"颜色"下拉列表框中选择"橙色"选项，在"宽度"下拉列表框中选择"1.5磅"选项，如图5-4-11所示。

图5-4-11

（15）单击"确定"按钮，完成边框的设置，如图5-4-12所示。

图5-4-12

图 5-4-13

（16）将插入点定位在表格的第1、9和13行，选择表格工具的"设计"选项卡，在"表样式"组中单击"底纹"按钮，在弹出菜单的"标准色"选项区域中选择"橙色"色块，作为表格底纹，效果如图5-4-13所示。

5.5 小 结

本章主要讲解了 Word 2010表格的处理，包括为文档插入表格、编辑表格、制作斜线表头以及美化表头，通过本章的学习，读者应能熟练地在 Word 中制作各种的表格，如课程表、学生成绩表、个人简历等。

5.6 习 题

填空题

（1）使用虚拟表格最多只能够插入_____列_____行单元格的表格。

（2）插入单个单元格最快捷的方法就是通过_____完成操作。

（3）需要为表格插入整行单元格时，最快捷的方法是使用键盘中的_____键进行插入。

（4）在调整单元格大小时，可以手动进行调整，也可以在_____中进行精确调整。

（5）拆分单元格是_____，而拆分表格则是_____。

简答题

（1）在 Word 2010中有几种插入表格的方法？分别是什么？

（2）单元格内文字的对齐方式包括哪9种？

（3）简述插入单个单元格。

（4）简述插入整行、整列单元格。

（5）如何拆分和合并单元格。

（6）如何为表格添加底纹？

（7）如何为表格添加边框？

（8）如何设置表格内文字的对齐方式？

操作题

（1）在 Word 文档中创建如图 5-6-1 所示的电话记录表。

图 5-6-1

操作提示：

①标题字体为"汉仪黑咪体简"，字号为"小二"，正文字体为"宋体"、字号为"五号"。

②表格的外边框样式为"双实线"、颜色为"水绿色"、宽度为"1.5 磅"，内部框线为"单实线"、颜色为"水绿色"、宽度为"1.5 磅"。

（2）在 Word 文档中创建如图 5-6-2 所示的个人简历表。

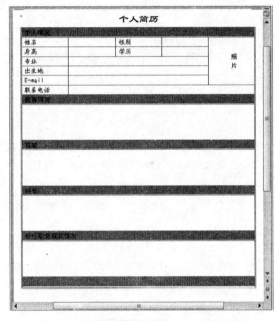

图 5-6-2

操作提示：

①表名字体设置为"隶书、小二号"，其他字体设置为"楷体"、"照片"两字设置为"黑体"。

②表格的外边框样式设置为"双实线"，颜色为"水绿色"，宽度为"1.5 磅"。

③内部框线样式设置为"单实线"，颜色为"水绿色"，宽度为"1.5 磅"。

④底纹填充设置为"橙色"，图案样式为"15%"，颜色为"灰色"。

读书笔记

第6章　Word 2010 的页面排版

本章学习目标：
- 📁 文档的页面设置
- 📁 为文档添加页眉和页脚
- 📁 设置文档的页面背景

6.1　文档的页面设置

文档的页面设置包括对文字方向、页边距、纸张方向、纸张大小、分栏、分隔符等内容的设置，其中文字方向是对文档的文字排列方向进行设置，页边距是对纸张的边距进行设置，纸张方向、纸张大小是对打印纸张的设置，而分栏、分隔符是对文档的页面结构进行设置。

6.1.1　设置文档页边距

Word中预设了一些常用的页边距参数，设置文档的页面边距时可以直接使用Word中预设的参数，也可以对其进行自定义设置。

1.使用程序预设页边距

Word程序中预设了普通、窄和适中3种页边距样式，用户可以通过使用Word预设的边距，快速完成设置。

（1）打开"老鼠开会"文档，切换到"页面布局"选项卡，单击"页面设置"选项组中的"页边距"按钮，如图6-1-1所示。

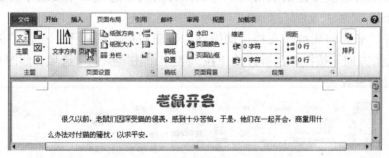

图6-1-1

（2）展开"页边距"下拉列表后，单击"窄"选项，如图6-1-2所示，即可完成页边距的设置，返回文档中可以看到设置后的效果。

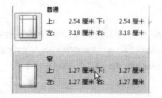

图6-1-2

2．自定义设置页边距

当用户需要设置的边距在 Word 中没有预设时，可以通过"页面设置"对话框进行自定义设置。

（1）打开"百灵鸟和小鸟"文档，切换到"页面布局"选项卡，单击"页面设置"选项组的对话框启动器，如图 6-1-3 所示。

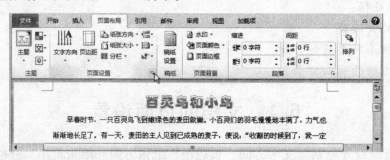

图 6-1-3

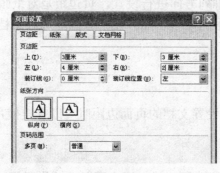

图 6-1-4

（2）弹出"页面设置"对话框，切换到"页边距"选项卡，在"上"、"下"、"左"、"右"数值框中分别输入需要的页边距参数，如图 6-1-4 所示，设置完毕后单击"确定"按钮。

（3）经过以上操作，就完成了自定义页边距的操作，返回文档中即可看到设置后的效果。

6.1.2 设置文档的纸张信息

文档的纸张信息主要包括纸张大小与纸张方向两个选项，主要用于对文档打印输出的纸张进行选择。

（1）打开"老人与死神"文档，切换到"页面布局"选项卡，单击"页面设置"选项组中的"纸张方向"按钮，在展开的下拉列表中单击"纵向"选项，如图 6-1-5 所示，完成纸张方向的设置。

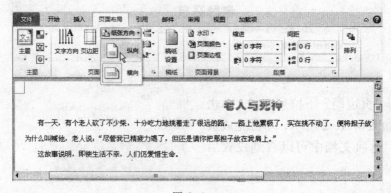

图 6-1-5

（2）单击"页面设置"选项组中的"纸张大小"按钮，在展开的下拉列表中单击需要使用的纸张选项，如图6-1-6所示，就完成了设置纸张大小的操作。

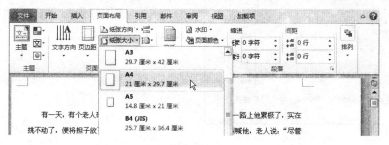

图6-1-6

6.1.3　对文档进行分栏

在默认的情况下一页文档中只有一栏文字，但是在一些简报或报纸中，为了区分文档的内容，需要将一页文档分为两栏甚至更多栏，本节就来介绍对文档进行分栏的操作。虽然Word中预设了一些分栏样式，但是设置显示分隔线时，则需要通过"分栏"对话框完成设置。

（1）打开"小鲤鱼哭哭笑笑"文档，切换到"页面布局"选项卡，单击"页面设置"选项组中的"分栏"按钮，在展开的下拉列表中单击"更多分栏"选项，如图6-1-7所示。

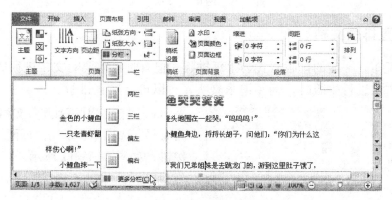

图6-1-7

（2）弹出"分栏"对话框，单击"预设"选项组中的"两栏"图标，然后勾选"分隔线"复选框，如图6-1-8所示。

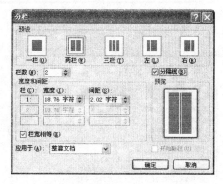

图6-1-8

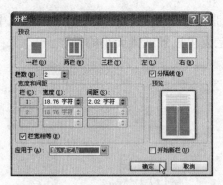

图 6-1-9

（3）单击"应用于"下拉列表右侧的下三角按钮，在展开的下拉列表中单击"插入点之后"选项，最后单击"确定"按钮，如图 6-1-9 所示。

（4）经过以上操作，就完成了对文档进行分栏的操作，返回文档中即可看到设置后的效果，如图 6-1-10 所示。

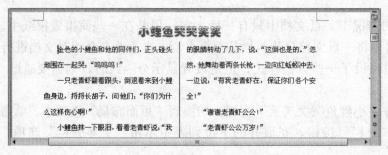

图 6-1-10

6.1.4 竖直排版文档

通常情况下，一般的排版方式为水平排版，但有时也需要对文字进行竖直排版，如对一些古诗古文进行排版时，为了追求真实，可以进行竖直排版。

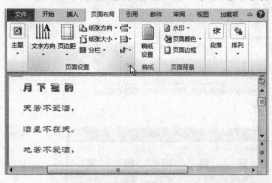

图 6-1-11

（1）打开"月下独酌"文档，切换到"页面布局"选项卡，单击"页面设置"启动器按钮，如图 6-1-11 所示。

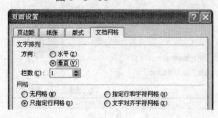

图 6-1-12

（2）打开"页面设置"对话框，单击"文档网络"选项卡，在"文字排列"栏的"方向"选项中选中"垂直"单选项，如图 6-1-12 所示。

（3）单击"确定"按钮，即可将这首诗竖直排列，如图6-1-13所示。

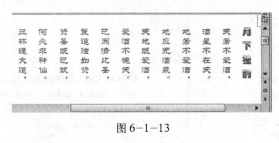

图6-1-13

6.2 为文档添加页眉与页脚

页眉和页脚位于文档页面之外，内容一般为文档的标题或页码，可用于对文档的主要内容进行说明，也可以用于显示文档的页数。

6.2.1 插入页眉和页脚

Word中内置了20余种页眉和页脚样式，插入页眉和页脚时，可以直接将内置的样式应用于文档中。由于插入页眉和页脚的方法类似，本节中以插入页眉为例来介绍具体操作。

（1）打开"鞋子舞会"文档，切换到"插入"选项卡，单击"页眉和页脚"选项组中的"页眉"按钮，在展开的页眉库中单击"空白（三栏）"选项，如图6-2-1所示。

图6-2-1

（2）选择了需要插入的页眉样式后，就完成了页眉的插入操作，如图6-2-2所示。

图6-2-2

（3）插入页眉后，输入适当的内容，然后双击文档的正文部分，就完成了页眉的操作，如图6-2-3所示。

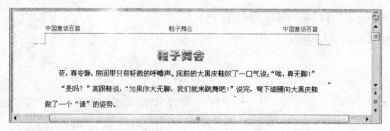

图 6-2-3

6.2.2 编辑页眉和页脚内容

为文档插入页眉或页脚后，除了输入的文本内容，还可以为文档的页眉或页脚中插入图片、日期或时间等内容，本节中仍以页眉为例介绍页眉和页脚的编辑操作。

（1）继续上例的操作，双击页眉，切换到"页眉和页脚工具－设计"选项卡，单击"插入"选项组中的"图片"按钮，如图 6-2-4 所示。

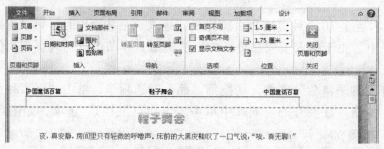

图 6-2-4

（2）弹出"插入"对话框，进入图片所在的文件夹，单击目标图片，然后单击"插入"按钮，如图 6-2-5 所示。

图 6-2-5

（3）将图片插入页眉后，将鼠标指针指向图片右上角的控制手柄，当指针变成斜向双箭头形状时，按住左键向内拖动鼠标，如图 6-2-6 所示，将图片调整到合适大小后释放鼠标左键。

图 6-2-6

（4）选择图片，按"Ctrl+C"组合键，将鼠标指针移到页面的右上角，按"Ctrl+V"组合键，复制图片，经过以上的操作，就完成了对页眉的编辑操作，如图6-2-7所示。

图 6-2-7

6.2.3　制作首页不同的页眉

在一些篇幅较长的文档中，为了突显封面，可以在设置页眉和页脚时，将首页的页眉设置为与正文页眉不同的效果。

（1）打开"中国童话百篇"文档，双击文档的页眉区域，切换到页眉编辑状态，如图6-2-8所示。

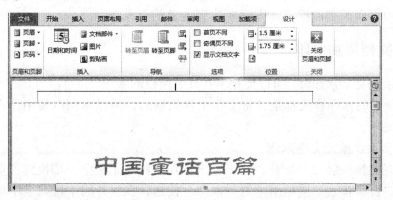

图 6-2-8

（2）进入页眉编辑状态后，切换到"页眉和页脚工具－设计"选项卡，勾选"选项"选项组中的"首页不同"复选框，如图6-2-9所示。

图 6-2-9

（3）将光标定位在首页的页眉处，然后输入页眉内容，如图6-2-10所示。

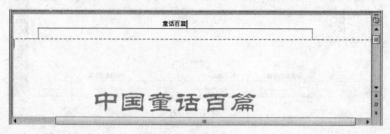

图6-2-10

（4）接下来设置第2页的页眉和页脚，经过以上操作，就完成了首页与正文页眉的不同设置操作，效果如图6-2-11所示。

图6-2-11

6.3　设置文档的页面背景

在Word 2010中为文档设置页面背景时，主要通过为文档添加水印、设置文档的填充效果以及为页面添加边框这3方面来达到需要的效果。

6.3.1　为文档添加水印

为文档添加文字水印时，可以使用Word中预设的水印，也可以自定义设置水印。由于Word中预设的水印样式都是日常工作中常用到的，所以本例以使用预设水印为例来介绍水印的使用。

1.使用Word预设文字水印

（1）打开"快乐晚会"文档，将光标定位在文档的正文中，切换到"页面布局"选项卡，单击"页面背景"选项组中的"水印"按钮，在展开的下拉列表中单击"严禁复制"水印图标，如图6-3-1所示。

（2）经过以上操作，就完成了水印的添加，在页面中可以看到半透明的水印文字效果，如图6-3-2所示。

2.自定义制作图片水印

除了文字外，还可以制作图片水印效果，在制作一些要求美观的文档时，可以为其应用图片水印效果。

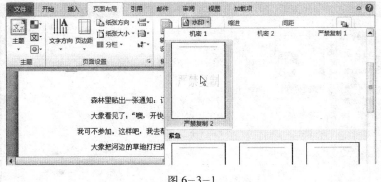

图 6-3-1

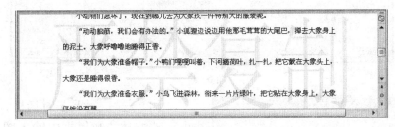

图 6-3-2

（1）打开"老乌龟和小鸟"文档，切换到"页面布局"选项卡，单击"页面背景"选项组中的"水印"按钮，在展开的下拉列表中单击"自定义水印"选项，如图6-3-3所示。

图 6-3-3

（2）弹出"水印"对话框，单击"图片水印"单选按钮，然后单击"选择图片"按钮，如图 6-3-4所示。

图 6-3-4

（3）弹出"插入图片"对话框，在目标图片所在的文件夹中单击需要使用的图片，然后单击"插入"按钮，如图6-3-5所示。

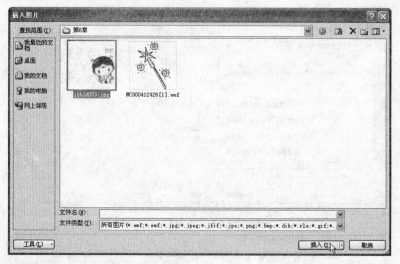

图 6-3-5

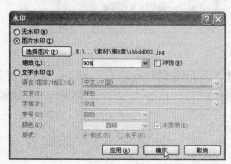

图 6-3-6

（4）返回"水印"对话框，根据图片大小在"缩放"数值框中输入图片的缩放比例，然后取消勾选"冲蚀"复选框，最后单击"确定"按钮，如图 6-3-6 所示。

图 6-3-7

（5）经过以上操作，就完成了为图片添加水印的操作，返回文档中即可看到添加水印后的效果，如图 6-3-7 所示。

注意：为文档添加水印后，如果需要删除时可切换到"页面布局"选项卡，单击"页面背景"选项组中"水印"按钮，在下拉列表中单击"删除水印"选项，即可将水印删除。

6.3.2 填充文档背景

填充文档的背景可以美化文档外观，可以使用不同的颜色或图案进行填充，本节中将介绍两种使用颜色填充背景的方法。

1. 对文档进行纯色填充

纯色填充就是对文档使用一种颜色进行填充，填充时可直接在颜色列表中选择需要使用的颜色，具体操作如下。

（1）打开"露珠与绿叶"文档，切换到"页面布局"选项卡，单击"页面背景"选项组中的"页面颜色"按钮，在展开的颜色列表中单击"标准色"组中的"浅绿"图标，如图6-3-8所示。

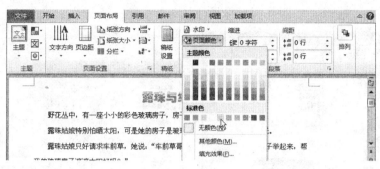

图6-3-8

（2）经过以上操作，就完成了为文档进行纯色填充的操作，如图6-3-9所示。

图6-3-9

2．为文档填充渐变色

渐变色是两种以上颜色的过渡效果，设置渐变色填充时，用户可以自定义设置渐变效果，也可以使用程序中预设的效果。本节中以使用预设效果为例介绍为文档填充渐变色的操作。

（1）打开"蚂蚁大力士"文档，切换到"页面布局"选项卡，单击"页面背景"选项组中的"页面颜色"按钮，在展开的颜色列表中单击"填充效果"选项，如图6-3-10所示。

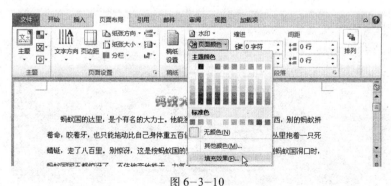

图6-3-10

（2）弹出"填充效果"对话框，在"渐变"选项卡下单击"颜色"选项组中的"预设"单选按钮,单击"预设颜色"列表框右侧的下三角按钮,在下拉列表框中单击"漫漫黄沙"选项,如图6-3-11所示。

(3)选择页面背景的预设颜色后,在"底纹样式"选项组中单击"斜下"单选按钮,然后单击"确定"按钮,如图6-3-12所示。

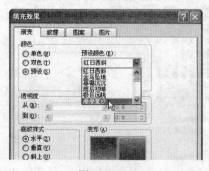

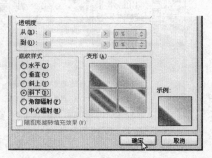

图6-3-11   图6-3-12

图6-3-13

(4)经过以上操作,就完成了为文档的背景进行渐变填充操作,效果如图6-3-13所示。

6.3.3 为文档添加页面边框

为文档设置页面边框时,为了使页面更加美观,可将图片边框设置为艺术型边框,设置时可对边框的粗细、颜色进行自定义设置。

(1)打开"买鞭炮"文档,切换到"页面布局"选项卡,单击"页面背景"选项组中的"页面边框"按钮,如图6-3-14所示。

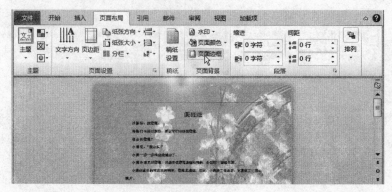

图6-3-14

（2）弹出"边框和底纹"对话框，在"页面边框"选项卡下单击"艺术型"下拉列表框右侧的下三角按钮，在展开的边框样式库中单击适当的边框样式，如图6-3-15所示。

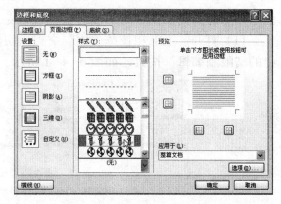

图6-3-15

（3）选择边框样式后，在"宽度"数值框中输入"10磅"，如图6-3-16所示，最后单击"确定"按钮。

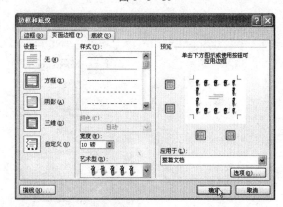

图6-3-16

（4）经过以上操作，就完成了为文档设置页面边框的操作，返回文档中即可看到设置后的效果，如图6-3-17所示。

图6-3-17

6.4　保护文档

对于一些内容比较重要的文档，为了加强文档的保密性可对其采取一系列的保护措施。在 Word 中，可以通过为文档添加密码的方法来对文档的编辑或查看进行限制。

6.4.1　限制文档的编辑

为了防止有随意对文档的内容进行更改，可以对文档的编辑权限进行设置，这样其他用户只能浏览文档，而不能对文档进行随意更改了。

（1）打开"毛毛和长鼻子树"文档，切换到"审阅"选项卡，单击"保护"选项组中的"限制编辑"按钮，如图6-4-1所示。

图6-4-1

图6-4-2

（2）打开"限制格式和编辑"任务窗格，勾选"2.编辑限制"组中的"仅允许在文档中进行此类型的编辑"复选项，如图6-4-2所示。

图6-4-3

（3）进行编辑限制后，Word默认将编辑内容设置为"不允许任何更改（只读）"选项，保持默认设置，单击"是，启动强制保护"按钮，如图6-4-3所示。

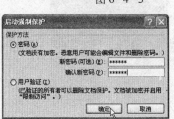

图6-4-4

（4）弹出"启动强制保护"对话框，在"新密码"与"确认密码"文档框中输入需要设置的密码，然后单击"确定"按钮，如图6-4-4所示。

图6-4-5

（5）经过以上操作，就完成了限制文档编辑的操作。只要对文档的内容进行更改，在"限制格式和编辑"任务窗格中就会显示出文档受保护的提示内容，如图6-4-5所示。

6.4.2　对文档进行加密

对于非常机密的文件，为了防止其他用户看到，可以对文档进行密码保护，这样只有知道密码的用户才能打开加密的文档。

（1）打开"美丽的小路"文档，单击"文件"按钮，在展开的菜单中单击"信息"命令，单击"保护文档"按钮，在展开的下拉列表中单击"用密码进行加密"选项，如图6-4-6所示。

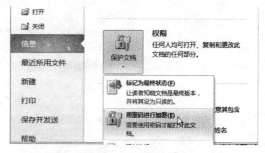

图 6-4-6

（2）弹出"加密文档"对话框，在"密码"文本框中输入需要设置的密码，然后单击"确定"按钮，如图6-4-7所示。

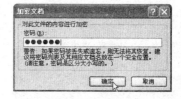

图 6-4-7

（3）弹出"确定密码"对话框，在"重新输入密码"文本框中重新输入需要设置的密码，然后单击"确定"按钮，如图6-4-8所示。

图 6-4-8

（4）经过以上操作，就完成了对文档进行加密的操作，将文档保存后关闭，重新打开该文档，就会弹出"密码"对话框，如图6-4-9所示，输入了正确的密码后才能打开该文档。

图 6-4-9

6.5　打 印 文 档

进行了页面设置后，如果对设置的效果满意即可开始打印。

（1）打开需要打印的文档，单击"文件"按钮，在弹出的菜单中单击"打印"选项，如图6-5-1所示。

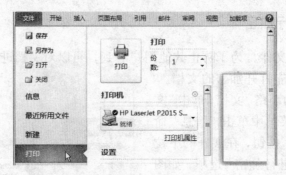

图 6-5-1

图 6-5-2

（2）在"打印"选项组中的"份数"数值框中输入打印份数，如输入3，如图6-5-2所示，即将文档打印3份。

（3）在"设置"选项组中的"页数"右侧的数值框中输入开始页码。

图 6-5-3

（4）经过上述打印属性设置后，在"打印"选项组中单击"打印"图标即可开始打印文档，如图6-5-3所示。

6.6 实例——制作时尚公司印笺

（1）新建一个空白文档，将其以"时尚公司印笺"为文件名进行保存。

（2）选择"页面布局"选项卡，单击"页面设置"对话框启动器，打开"页面设置"对话框，选择"页边距"选项卡，在"上"微调框中输入"3厘米"，在"下"微调框中输入"1.5厘米"，在"左"微调框中输入"1厘米"，在"右"微调框中输入"1.5厘米"，如图6-6-1所示。

（3）选择"纸张"选项卡，在"纸张大小"下拉列表框中选择"32开（13厘米×18.4厘米）"选项，如图6-6-2所示。

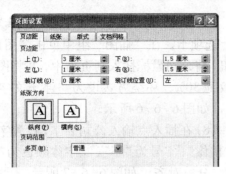

图 6-6-1

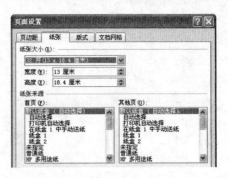

图 6-6-2

（4）选择"版式"选项卡，在"页眉"和"页脚"微调框中分别输入"2厘米"和"1厘米"，如图6-6-3所示。

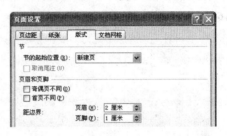

图 6-6-3

（5）单击"确定"按钮，完成页面设置，如图6-6-4所示。

图 6-6-4

（6）在页眉区域双击，进入页眉和页脚编辑状态，并隐藏页眉处的边框线，如图6-6-5所示。

图 6-6-5

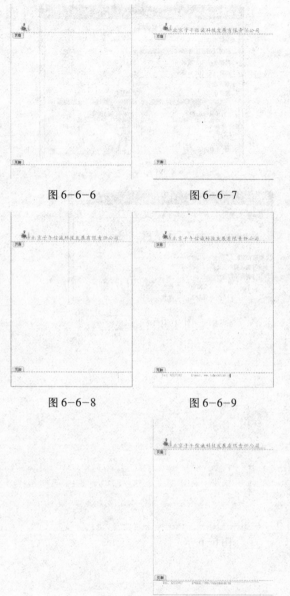

图 6-6-6　　　　　　图 6-6-7

图 6-6-8　　　　　　图 6-6-9

图 6-6-10

图 6-6-11

（7）将插入点移动到最左端，选择"插入"选项卡，在"插图"组中单击"图片"按钮，将公司徽标插入到页眉中，并将图片缩放到30%，环绕方式设为"浮于文字上方"，如图6-6-6所示。

（8）在插入点输入公司名字，设置字体为"楷体"，字号为"小三"，字体颜色为"红色"，分散对齐，如图6-6-7所示。

（9）选择"插入"选项卡，在"插图"组中单击"形状"按钮，在"线条"选项区域中单击"直线"按钮，在页眉处绘制一条直线，并设置直线粗细为3磅，线型为双线型，颜色为"橙色"，如图6-6-8所示。

（10）选择"页眉和页脚工具"的"设计"选项卡，在"导航"组中单击"转到页脚"按钮，切换到页脚中，输入公司的电话，E-mail地址，并设置字体为"楷体"，颜色为"红色"，如图6-6-9所示。

（11）选择"插入"选项卡，在"插图"组中单击"形状"按钮，在"线条"选项区域中单击"直线"按钮，在页脚处绘制一条直线，并且设置粗细为1.5磅，颜色为"橙色"，如图6-6-10所示。

（12）选择"页眉和页脚工具"的"设计"选项卡，在"关闭"组中单击"关闭"按钮，退出页眉和页脚编辑状态。

（13）选择"页面布局"选项卡，在"页面背景"组中，单击"水印"按钮，在弹出的菜单中选择"自定义水印"命令，打开"水印"对话框，选中"图片水印"单选按钮，并单击"选择图片"按钮，将所选的图片设置为水印效果，如图6-6-11所示。

（14）单击"确定"按钮，完成的效果如图 6-6-12 所示。

图 6-6-12

6.7　小　结

本章主要讲解了文档的页面设置、为文档添加页眉和页脚、设置文档的页面背景以及保护文档。通过本章的学习，通过页面具体设置，用户应能使打印出的文档更加规范；对文档进行保护操作后，就可以防止文档被随意地更改内容或查看，从而使文档更加安全保密。

6.8　习　题

填空题

（1）文档的页面设置包括对＿＿＿、＿＿＿、＿＿＿、＿＿＿、＿＿＿内容的设置。

（2）页边距是对＿＿＿进行设置，纸张方向、纸张大小是对＿＿＿的设置，而分栏、分隔符是对＿＿＿进行设置。

（3）Word 程序中预设了＿＿＿、＿＿＿和＿＿＿3 种页边距样式，当用户可以通过使用 Word 预设的边距，快速完成设置。

（4）文档的纸张信息主要包括＿＿＿与＿＿＿两个选项，主要用于对文档打印输出的纸张进行选择。

（5）页眉和页脚位于文档页面之外，内容一般为＿＿＿或＿＿＿，可用于对文档的＿＿＿进行说明，也可以用于显示＿＿＿。

（6）在 Word 2010 中为文档设置页面背景时，主要通过为文档＿＿＿、设置文档的＿＿＿以及为页面＿＿＿这 3 方面来达到需要的效果。

简答题

（1）如何对文档进行分栏？

（2）如何插入页眉和页脚？

（3）如何制作首页不同的页眉？

（4）如何使用 Word 预设文字水印？

（5）如何填充文档的纯色背景？

（6）如何为文档添加页面边框？

（7）如何限制对文档的编辑和对文档进行加密？

操作题

（1）为"月下独酌"文档添加水印，效果如图6-8-1所示。

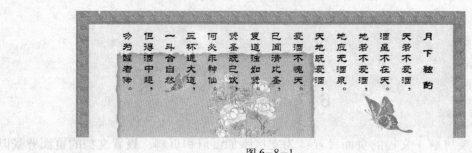

图6-8-1

操作提示：

①输入"月下独酌"诗歌，设置文字方向为"垂直"方向。

②设置保存文档密码为"000000"。

（2）制作一张"圣诞贺卡"，效果如图6-8-2所示。

图6-8-2

操作提示：

①设置"上、下、左、右"页边距为0.5厘米。

②纸张大小为自定义8.5厘米×11厘米。

第 7 章　Word 2010 的高效功能

本章学习目标：

📁　使用样式

📁　使用大纲视图

📁　使用书签

📁　插入目录

📁　插入批注

7.1　使　用　样　式

样式是多种格式的集合，通常一个样式中会包括很多种格式效果，为文本应用了一个样式后，就等于为文本设置了多种格式，因此通过样式设置文本格式非常快速高效，本节中将介绍在 Word 2010 样式的应用操作。

7.1.1　使用程序预设样式

Word 2010 中预设了一些标题、要点、明显引用等样式，需要为文本设置相应效果时，可直接使用预设的样式。

（1）打开"办公室规章制度"文档，将光标定位在需要应用样式的段落内，在"开始"选项卡中单击"样式"选项组中的"快速样式"按钮，如图 7-1-1 所示。

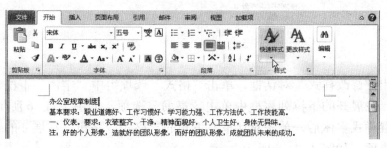

图 7-1-1

（2）展开样式库后单击"标题"选项，如图 7-1-2 所示。

图 7-1-2

（3）经过以上操作后，就完成了为文本应用预设样式的操作，效果如图7-1-3所示。

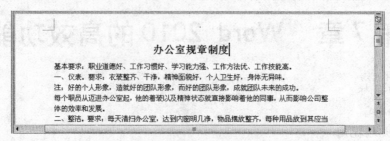

图7-1-3

7.1.2 修改样式

为文档应用了样式后，如果对样式的效果不满意，可以对样式进行更改。更改样式后，文档中所有应用了该样式的文本都将会进行相应的更改。

图7-1-4

（1）打开"办公室规章制度1"文档，单击"开始"选项卡内"样式"选项组的对话框启动器，如图7-1-4所示。

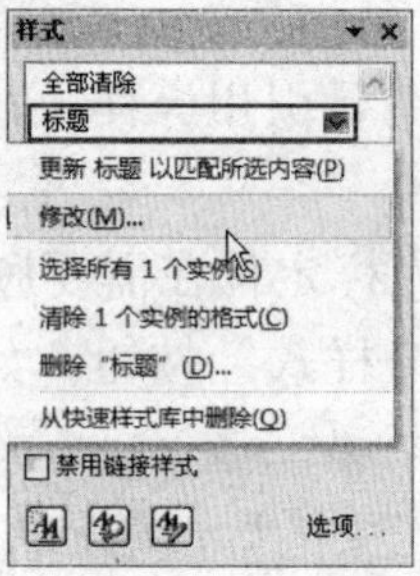

（2）弹出"样式"任务窗格后，将光标设置在需要修改的样式，然后单击显示该样式后的下三角按钮，在展开的下拉列表中单击"修改"选项，如图7-1-5所示。

图7-1-5

（3）弹出"修改样式"对话框，单击"格式"选项组中"字体"下拉列表框右侧的下三角按钮，在展开的下拉列表框中单击"隶书"选项，如图7-1-6所示。

（4）设置样式字体后，单击对话框左下角的"格式"按钮，在展开的下拉列表中单击"边框"选项，如图7-1-7所示。

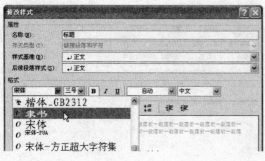

图7-1-6

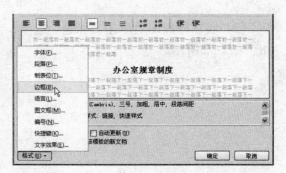

图7-1-7

（5）弹出"边框和底纹"对话框，在"设置"选项组中单击"方框"图标，然后在"样式"列表框中单击需要使用的边框样式，最后依次单击各对话框中的"确定"按钮，如图 7-1-8 所示。

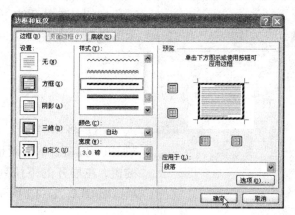

图 7-1-8

（6）经过以上操作后，就完成了样式的更改操作，返回文档中可以看到所有应用了该样式的文本都已进行了相应的更改，如图 7-1-9 所示。

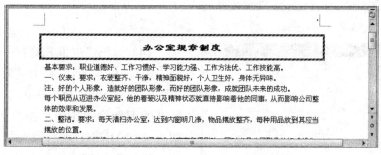

图 7-1-9

7.1.3　新建样式

Word 程序中虽然预设了一些样式，但是数量有限。当用户需要为文本应用更多样式时，可以自已动手创建新的样式，创建后的样式将会保存在"样式"任务窗格中。

（1）打开"办公室规章制度 2"文档，打开"样式"任务窗格，将光标定位在需要应用样式的段落内，单击任务窗格左下角的"新建样式"按钮，如图 7-1-10 所示。

图 7-1-10

图 7-1-11

（2）弹出"根据格式设置创建新样式"对话框，在"名称"文本框中输入样式的名称，然后单击"格式"下拉列表框右侧的下三角按钮，在展开的下拉列表框中单击"楷体"选项，如图 7-1-11 所示。

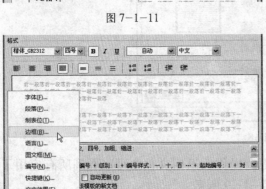

图 7-1-12

（3）将"字号"设置为"四号"，单击"加粗"按钮，单击对话框左下角的"格式"按钮，在展开的下拉列表中单击"边框"选项，如图 7-1-12 所示。

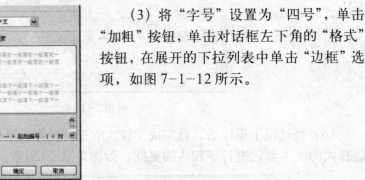

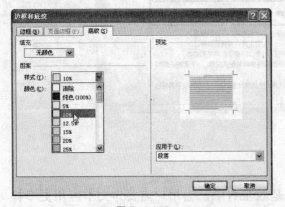

图 7-1-13

（4）弹出"边框和底纹"对话框，切换到"底纹"选项卡，单击"图案"选项组中"样式"下拉列表框右侧的下三角按钮，在展开的图案样式库中单击"10%"选项，如图 7-1-13 所示，最后依次单击各对话框中的"确定"按钮。

图 7-1-14

（5）新样式创建完毕后返回文档中，在"样式"任务窗格中即可看到新建的样式，如图 7-1-14 所示。

（6）在"样式"任务窗格中单击新建的样式，光标所在的段落会自动应用新建的样式，如图 7-1-15 所示。

图 7-1-15

7.1.4　删除样式

当"样式"任务窗格中的样式太多时，为了方便管理，可以将一些不使用的样式删除，删除样式的操作如下。

（1）打开"办公室规章制度3"文档，打开"样式"任务窗格，将光标设置在需要删除的样式，然后单击显示在样式右侧的下三角按钮，在展开的下拉列表中单击"删除'页脚'"选项，如图7-1-16所示。

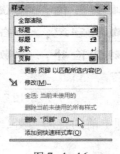

图 7-1-16

（2）弹出Microsoft Word提示框，询问用户是否从文档中删除样式，单击"是"按钮，如图7-1-17所示，就完成了删除样式的操作。

图 7-1-17

7.2　使用大纲视图

在建立长文档后，可以使用大纲方式来组织和查看文档，帮助用户理清文档思路，迅速把握文档的中心思想。

7.2.1　使用大纲视图查看文档

Word 2010中的"大纲视图"是专门用于制作提纲，它以缩进文档标题的形式代表在文档结构中的级别。

选择"视图"选项卡，在"文档视图"组中单击"大纲视图"按钮，或单击状态栏上的"大纲视图"按钮，可切换到大纲视图模式。此时，"大纲"选项卡随即出现在窗口中，如图7-2-1所示。

图 7-2-1

在"大纲工具"组的"显示级别"下拉列表框中选择显示级别；将鼠标指针定位在要展开或折叠的标题中，单击"展开"按钮或"折叠"按钮，可以扩展或折叠大纲标题。

　　（1）打开"中学生日常行为规范"文档，选择"视图"选项卡，在"文档视图"组中单击"大纲视图"按钮，切换到大纲视图模式。

　　（2）选择"大纲"选项卡，在"大纲工具"组的"显示级别"下拉列表框中选择"显示级别1"选项，此时，视图上只显示到标题1，标题1以后的标题都被折叠，如图7-2-2所示。

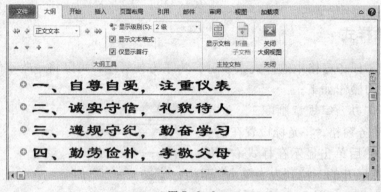

图7-2-2

　　（3）将指针移至标题1前的符号　处，双击即可展开其后的下属文本，如图7-2-3所示。

图7-2-3

　　（4）将指针移动到文本"二、诚实守信，礼貌待人"前的符号　处并双击，该标题下的文本被折叠，如图7-2-4所示。

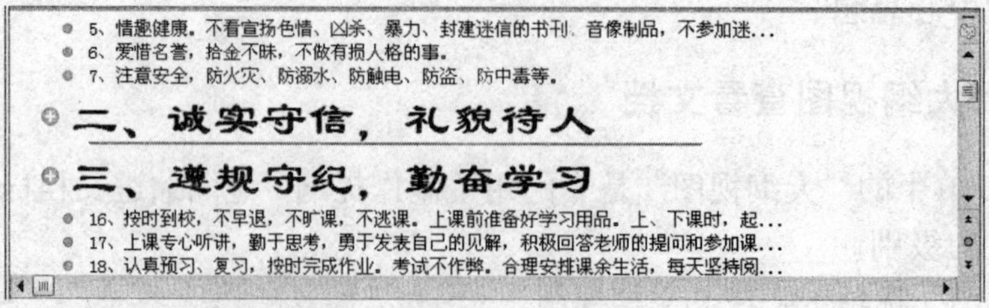

图7-2-4

7.2.2　使用大纲视图组织文档

　　在创建的大纲视图中，可以对文档内容进行修改与调整。

1．选择大纲内容

在大纲视图模式下的选择操作是进行其他操作的前提和基础，在此将介绍大纲的选择操作。选择的对象不外乎标题和正文体，下面讲述如何对这两种对象进行选择。

选择标题：如果仅仅选择一个标题，并不包括它的子标题和正文，可以将鼠标指针移至此标题的左端选择条，当指针变成一个斜向上的箭头形状时，左击即可选中该标题。

选择一个正文段落：如果要仅仅选择一个正文段落，可以将鼠标指针移至此段落的左端选择条，当鼠标指针变成一个斜向上箭头的形状时，单击，或者单击此段落的符号●，即可选择该正文段落。

同时选择标题和正文：如果要选择一个标题及其所有的子标题的正文，双击此标题前的符号●；如果要选择多个连续的标题和段落，按住左键拖过选择条即可。

2．更改文本在文档中的级别

文本的大纲级别并不是一成不变的，可以按需要对其实行升级或降级操作。

每按一次Tab键，标题就会降低一个级别；每按一次"Shift+Tab"组合键，标题就会提升一个级别。

在"大纲"选项卡的"大纲工具"组中单击"提升"按钮➡或"降低"按钮⬇，对该标题实现层次级别的升或降；如果要将标题降级为正文，可单击"降为'正文文本'"按钮➡。

按下"Alt+Shift+←"组合键，可将该标题的层次级别提高一级；按下"Alt+Shift+→"组合键，可将该标题的层次级别降低一级；按下"Alt+Ctrl+1（或2或3）"组合键，可使该标题的级别达到1级（或2级或3级）。

按住鼠标左键拖动符号●或●向左移或向右移来提高或降低标题的级别。首先将鼠标指针移到该标题前面的符号●或●，待指针变成四箭头形状后，按住左键拖动，在拖动的过程中，每当经过一个标题级别时，都会有一条竖线和横线出现。如果想把该标题置于这样的标题级别，可在此时释放鼠标左键。

7.3 使 用 书 签

在Word 2010中，可以使用书签命名文档中指定的点或区域，以识别章、表格的开始处，或者定位需要工作的位置，离开的位置等。

7.3.1 添加书签

在Word 2010中，可以在文档中的指定区域内插入若干个书签标记，以方便用户查阅文档中的相关内容。

（1）打开"必背古诗"文档，将插入点定位到"咏柳"处。

（2）选择"插入"选项卡，在"链接"组中单击"书签"按钮，打开"书签"对话框，在"书签名"文本框中输入书签的名称"咏柳"，如图7-3-1所示。

（3）输入完毕，单击"添加"按钮，将该书签添加到书签列表框中。

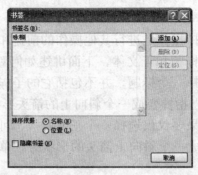

图 7-3-1

（4）单击"文件"按钮，在弹出的菜单中单击"选项"按钮，打开"Word选项"对话框，在左侧的列表框中选择"高级"选项，在打开的对话框的右侧列表的"显示文档内容"选项区域中，选中"显示书签"复选框，如图7-3-2所示。

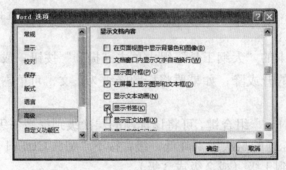

图 7-3-2

（5）单击"确定"按钮，此时书签标记|将显示在文档中，效果如图7-3-3所示。

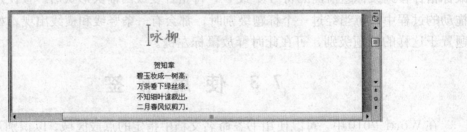

图 7-3-3

7.3.2 定位书签

在定义了一个书签之后，可以使用两种方法对其进行定位。一种是利用"定位"对话框来定位书签；另一种是使用"书签"对话框来定位书签。

（1）打开"必背古诗"文档，选择"开始"选项卡，在"编辑"组中，单击"查找"按钮，在弹出的菜单中选择"转到"命令，打开"查找与替换"对话框的"定位"选项卡。

（2）在对话框的"定位目标"列表框中选择"书签"选项，在"请输入书签名称"下拉列表框中选择书签"咏柳"选项，如图7-3-4所示。

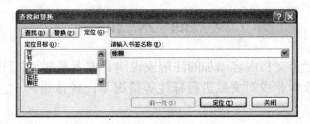

图 7-3-4

（3）单击"定位"按钮，此时插入点将自动定位咏柳的起始位置。

注意：如果使用"书签"对话框来定位书签，只需在"书签"对话框的列表框中选择需要定位的书签名称，然后单击对话框中的"定位"按钮即可。

7.4　插 入 目 录

目录与一篇文章的纲要类似，通过它可以了解整个文档的内容，并很快查找到用户感兴趣的信息。

Word 具有自动编制目录的功能，用户可以很方便地为文档创建目录。

（1）打开"经典成语故事"文档，将插入点定位在文档的末尾。

（2）选择"引用"选项卡，在"目录"组中单击"目录"按钮，在弹出的菜单中选择"插入目录域"命令，打开"目录"对话框。

（3）在"常规"选项区域的"显示级别"微调框中输入 1，如图 7-4-1 所示。

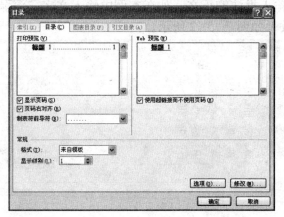

图 7-4-1

（4）单击"确定"按钮，系统自动将目录插入到文档中，如图 7-4-2 所示。

图 7-4-2

7.5 插 入 批 注

批注是指审阅者为文档内容添加的注解或说明，或者是阐述批注者的观点。在上级审批文件、老师批改作业或对文献进行标注等情况下比较常用。

7.5.1 添加批注

在文档中添加批注时，会显示一个批注框，在其中输入内容即可。

（1）打开"鹿柴"文档，将鼠标指针定位文本"青苔"后。

（2）选择"审阅"选项卡，在"批注"组中单击"新建批注"按钮，此时，Word会自动显示一个红色的批注框，如图7-5-1所示。

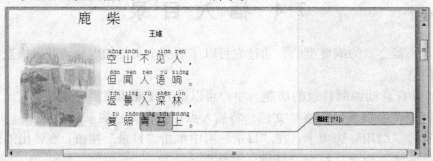

图7-5-1

（3）在批注框中输入批注的正文，如在本例中输入文字"深绿色的苔藓植物，生长在潮湿的地面上。"效果如图7-5-2所示。

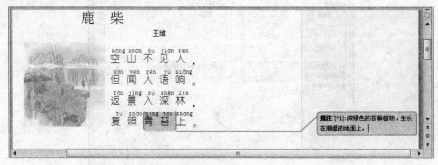

图7-5-2

（4）使用相同的方法，插入另一个批注，效果如图7-5-3所示。

图7-5-3

7.5.2 编辑批注

插入批注后，用户可以对其进行编辑修改。

1.显示或隐藏批注

在一个文档中可以添加多个批注，可以根据需要显示或隐藏文档中的所有批注，或只显示指定审阅者的批注。

（1）打开"鹿柴1"文档。

（2）选择"审阅"选项卡，在"修订"组中单击"显示标记"按钮，在弹出框的菜单中取消勾选"审阅者→所有审阅者"复选框，文档中的批注即可被隐藏，如图7-5-4所示。

图7-5-4

2.设置批注格式

批注框中的文本格式与普通文本的格式的设置方法相同。用户可以对批注进行设置。

（1）打开"鹿柴2"文档，选中第1个批注框中的文本。

（2）选择"开始"选项卡，在"字体"组中，将字体设置为"楷体"，字号设置为"小一"。

（3）选择"审阅"选项卡，在"修订"组中单击"修订"按钮，在弹出的菜单中选择"修订选项"命令，打开"修订选项"对话框。

（4）在"标记"选项区域的"批注"下拉列表框中选择"蓝色"；在"批注框"选项区域的"指定宽度"微调框中输入"5厘米"，如图7-5-5所示。

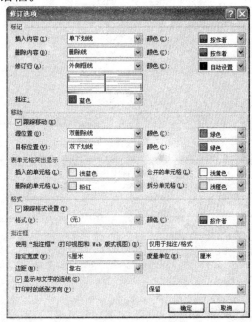

图7-5-5

（5）单击"确定"按钮，完成设置，效果如图7-5-6所示。

图7-5-6

3.删除标注

要删除文档中的批注，可以使用以下两种方法。

右击要删除的标注，在弹出的快捷菜单中选择"删除标注"命令。

将插入点定位在要删除的批注框中，选择"审阅"选项卡，在"批注"组中单击"删除"按钮，在弹出的菜单中选择"删除"命令。

7.6　实例——设计毕业论文大纲

（1）启动Word 2010，新建一个空白文档。

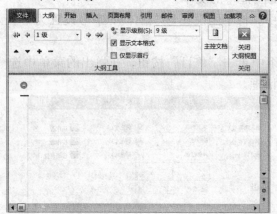

图7-6-1

（2）选择"视图"选项卡，在"文档视图"组中单击"大纲视图"按钮，切换到"大纲视图"模式，此时在文档中出现一个减号，表示目前这个标题下尚无任何正文或层次级别更低的标题，如图7-6-1所示。

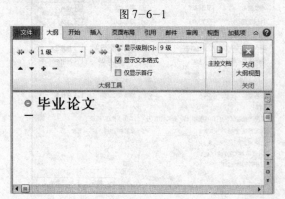

图7-6-2

（3）在文档中输入大纲的1级标题"毕业论文"，在默认情况下，Word会将所有的标题都格式化为内建格式标题，如图7-6-2所示。

（4）按 Enter 键，在文档的第 2 行输入大纲的 2 级标题"第一章　前言"，此时 Word 仍然默认为样式为"1级"的标题段落，如图 7-6-3 所示。

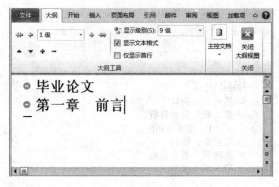

图 7-6-3

（5）在"大纲"选项卡的"大纲工具"组中单击"降级"按钮，将第 2 行内容降为"2级"，如图 7-6-4 所示。

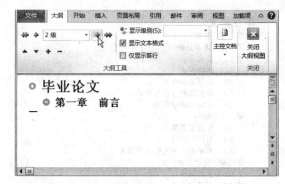

图 7-6-4

（6）按 Enter 键，在文档的第 3 行输入大纲的 2 级标题"第二章　需求分析"，此时 Word 仍然默认为样式为"2 级"的标题段落。

（7）按 Enter 键，继续输入其他的 2 级标题，如图 7-6-5 所示。

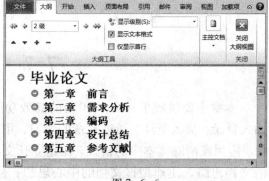

图 7-6-5

（8）将插入点定位在"第二章　需求分析"后面，按一下 Enter 键，在文档的第 4 行输入大纲的 3 级标题"2.1　需求分析"，此时 Word 仍然默认为样式为"2 级"的标题段落，如图 7-6-6 所示。

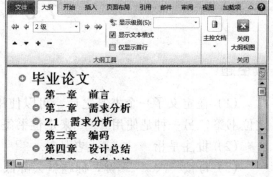

图 7-6-6

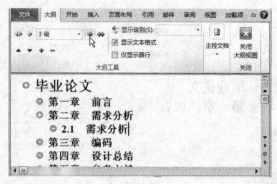

图 7-6-7

（9）在"大纲"选项卡的"大纲工具"选项区域中，单击"降级"按钮，将第4行文本内容降为"3级"，如图 7-6-7所示。

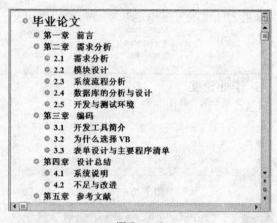

图 7-6-8

（10）使用同样方法输入大纲的其他标题内容，设置完毕后，创建的大纲文档效果如图 7-6-8所示。

7.7 小 结

本章主要讲解了Word 2010的高效功能，包括使用样式、使用大纲视图、插入书签、插入目录、插入批注。通过本章的学习，用户应能使用"样式"任务窗格创建、查看、选择、应用或清除文本中的格式，在建立长文档后，应能使用大纲方式来组织查看文档，理清文档思路，迅速把握文档的中心思想；应能在文档中插入目录，方便读者查询。

7.8 习 题

填空题

（1）在定义了一个书签之后，可以使用两种方法对其进行定位。一种是利用_____定位书签；另一种是使用_____来定位书签。

（2）批注是指_____，或者是_____。

（3）每按一次_____键，标题就会降低一个级别；每按一次_____键，标题就会提升一个级别。

（4）按_____组合键，可将该标题的层次级别提高一级；按_____组合键，可将该标题的层次级别降低一级；按＿＿＿＿键，可使该标题的级别达到 1 级（或 2 级或 3 级）。

简答题

（1）什么是样式？

（2）如何删除样式？

（3）在大纲视图中，如何选择大纲标题和正文？

（4）如何给一篇文章插入目录？

（5）如何给文档内容添加批注？

操作题

（1）在 Word 文档中新建一个段落样式，要求：字体为"黑体"，字号为"小四"，字体样式为倾斜，段落格式为"悬挂缩进"，行距为"单倍行距"。

（2）打开一篇编辑好的多页 Word 文档，在文档中插入书签并显示插入的书签标记。

（3）在第（2）题的文档中，创建目录，并且统计文档的字数。

读书笔记

第8章 Excel 2010的基本操作

本章学习目标：
- 📂 工作表的基础操作
- 📂 编辑单元格
- 📂 在单元格中输入数据
- 📂 设置单元格的对齐方式
- 📂 设置单元格的数字格式
- 📂 美化表格

8.1 工作表的基础操作

工作表的基础操作包括新建、重命名工作表、更改工作表标签颜色、移动或复制工作表、隐藏与显示工作表等，本节将对以上各种操作进行详细介绍。

8.1.1 新建工作表

默认情况下，一个工作簿包含3张工作表，对工作表中的操作则是通过工作表标签进行的。工作表标签其实就是工作表的名片，单击工作表标签即可切换到相应的工作表中，如果工作簿中的工作表个数不能满足用户要求时，可以根据需要添加其他工作表。

方法一：利用"插入工作表"按钮新建工作表

（1）新建一个空白的工作簿，在工作表标签区域单击"插入工作表"按钮，如图8-1-1所示。

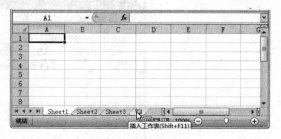

图 8-1-1

（2）此时在Sheet3工作表标签后插入一张名为Sheet4的工作表，如图8-1-2所示。

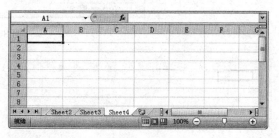

图 8-1-2

方法二：使用"插入工作表"选项新建工作表

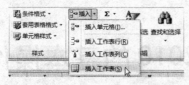

图 8-1-3

图 8-1-4

新建一个空白的工作簿，在"开始"选项卡下"单元格"选项组中单击"插入"按钮右侧的下三角按钮，在展开的下拉列表中单击"插入工作表"选项，如图 8-1-3 所示。

（2）此时在当前选中工作表之前新建一张名为 Sheet4 的工作表，如图 8-1-4 所示。

图 8-1-5

方法三：使用右键快捷菜单命令新建工作表

（1）新建一个空白的工作簿，在工作表标签区域中右击工作表标签，在弹出的快捷菜单中单击"插入"选项，如图 8-1-5 所示。

（2）弹出"插入"对话框，在"常用"选项卡下的列表框中单击"工作表"图标，如图 8-1-6 所示，单击"确定"按钮。

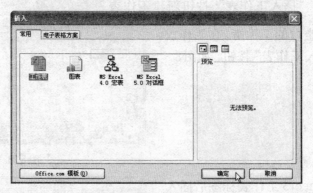

图 8-1-6

图 8-1-7

（3）此时在右击的工作表之前新建了一张名为 Sheet4 的工作表，如图 8-1-7 所示。

8.1.2 重命名工作表

工作表标签的默认名称为"Sheet1"、"Sheet2"、"Sheet3"，既不直观又难以记忆。因此为其重命名一个容易记忆的名称非常重要，节省你查找和管理工作表的时间。

（1）新建一个空白的工作簿，右击需要重命名的工作表标签，在弹出的快捷菜单中单击"重命名"选项，如图 8-1-8 所示。

（2）此时工作表标签的名称变为白字黑底状态，表示该工作表标签名称可编辑。

图 8-1-8

（3）此时，输入工作表的新名称"月销量统计"，然后按 Enter 键或单击工作表标签以外的任何位置，即可完成工作表的重命名操作，得到如图 8-1-9 所示的工作表名称。

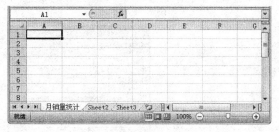

图 8-1-9

8.1.3 更改工作表标签的颜色

如果工作簿中工作表太多，需要更加清楚地区分工作表，可以设置工作表标签的颜色。恰当的工作表名称再加上工作表标签的颜色，会使工作表更加醒目。

（1）在打开的工作簿中，右击"月销量统计"工作表标签，在弹出的快捷菜单中依次单击"工作表标签颜色→红色"选项，如图 8-1-10 所示。

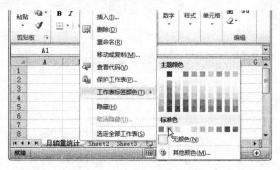

图 8-1-10

（2）单击其他任意工作表标签选中其他工作表，可以看到所改的工作表的标签颜色已显示为红色，如图 8-1-11 所示。

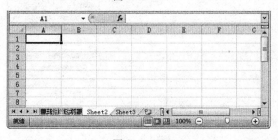

图 8-1-11

8.1.4 移动或复制工作表

在工作簿中可以通过复制工作表来快速新建工作表，也可以通过移动工作表来调整工作表之间的顺序。例如，在工作簿中复制"月销量统计"工作表，然后调整Sheet2和Sheet3工作表至最后，其操作方法如下。

图 8-1-12

（1）在打开的工作簿中右击需要复制的工作表标签，在弹出的快捷菜单中单击"移动或复制"选项，如图8-1-12所示。

图 8-1-13

（2）弹出"移动或复制工作表"对话框，在"下列选定工作表之前"列表框中单击"移至最后"选项，勾选"建立副本"复选框，单击"确定"按钮，如图8-1-13所示。

图 8-1-14

（3）此时Sheet3工作表之后新建了一个名为"月销售统计（2）"的工作表，如图8-1-14所示。

图 8-1-15

（4）选中"月销量统计（2）"工作表，在"单元格"选项组中单击"格式"按钮，在展开的下拉列表中单击"移动或复制工作表"选项，如图8-1-15所示。

（5）弹出"移动或复制工作表"对话框，在"下列选定工作表之前"列表框中单击"月销售统计"选项，如图8-1-16所示，单击"确定"按钮。

图 8-1-16

（6）此时选中的工作表移动至"月销售统计"工作表之前，如图8-1-17所示，而Sheet2和Sheet3工作表移动至最后。

图 8-1-17

注意：在移动或复制工作表时，不仅可以在当前工作簿中进行，也可以在不同的工作簿之间实现工作表的复制与移动。在"移动或复制工作表"对话框的"将选定工作表移至工作簿"下拉列表中选择需要移至或复制至的目标工作簿中即可。需要注意的是，目标工作簿必须处于打开的状态。

8.1.5　隐藏与显示工作表

如果不希望被其他人查看某些工作表的数据，可以使用隐藏工作表功能将工作表隐藏起来，减少屏幕上显示的窗口和工作表。下面将分别介绍隐藏工作表和显示工作表的操作方法。

1.隐藏工作表

隐藏工作表是将工作表及工作表标签隐藏，使其在屏幕上无法查看，但隐藏的工作表仍然处于打开状态，其他文档仍可以利用其中的信息。隐藏工作表可通过选项组中的命令按钮或右键快捷菜单命令来完成。

方法一：通过右键快捷菜单隐藏工作表

（1）在打开的工作簿中右击需要隐藏的工作表，在弹出的快捷菜单中单击"隐藏"选项，如图8-1-18所示。

图 8-1-18

图 8-1-19

（2）此时可以看到选中的工作表被隐藏起来，如图 8-1-19 所示。

方法二：通过选项组按钮隐藏工作表

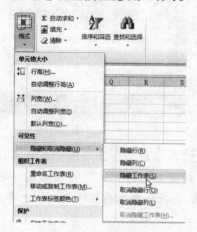

图 8-1-20

（1）在打开的工作簿中选中需要隐藏的工作表，在"单元格"选项组中单击"格式"按钮，在展开的下拉列表中依次单击"隐藏和取消隐藏→隐藏工作表"选项，如图 8-1-20 所示。

（2）此时可以发现选中的工作表被隐藏起来了。

2. 显示工作表

如果需要再次查看隐藏工作表的数据，可以取消对工作表的隐藏，具体操作如下。

图 8-1-21

（1）打开已隐藏工作表的工作簿，右击工作表标签，在弹出的快捷菜单中单击"取消隐藏"选项，如图 8-1-21 所示。

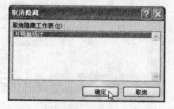

图 8-1-22

（2）弹出"取消隐藏"对话框，选择"月销量统计"选项，如图 8-1-22 所示，单击"确定"按钮，即可将"月销量统计"工作表重新显示出来。

8.2　编辑单元格

单元格是存放数据的最小单位，在 Excel 中编辑数据时常需要对单元格进行相关操作，包括选择、插入、合并、删除、隐藏单元格以及调整单元格大小等。

8.2.1　选择单元格

在对单元格进行各种设置操作前，首先需要学习选择单元格。在工作表中可以选一个单元格、多个单元格、整行整列单元格或全部单元格等，针对不同的选择对象有不同的操作方法。

1. 选择一个单元格

如果需要选择一个单元格，可以直接单击单元格，或在名称框中输入单元格的行号和列标，再按一下 Enter 键，如图 8-2-1 所示。

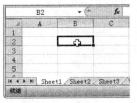

图 8-2-1

2. 选择相邻的多个单元格

如果需要选择相邻的多个单元格，可先选择第一个单元格，然后按住鼠标左键不放，拖动至目标单元格，或在选择单元格后，在按住 Shift 键的同时选择目标单元格区域的最后一个单元格，如图 8-2-2 所示。

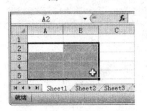

图 8-2-2

3. 选择多个不相邻的单元格

如果需要选择多个不相邻的单元格，可以先选择一个单元格，在按住 Ctrl 键的同时单击需要选择的其他单元格，如图 8-2-3 所示。

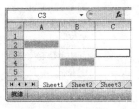

图 8-2-3

4. 选择整行单元格

如果需要选择整行单元格，可以将鼠标指针移动到需要选择行的标记上，当指针变为 形状时，单击左键即可选择该行，如图 8-2-4 所示。

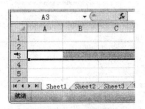

图 8-2-4

5. 选择整列单元格

如果需要选择整列单元格，可以将鼠标指针移动需要选择列的标记上，待指针呈 形状时，单击鼠标左键即可选择该列，如图 8-2-5 所示。

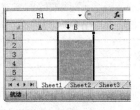

图 8-2-5

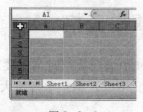

图 8-2-6

6.选择表格的全部单元格

如果需选择工作表中的全部单元格，可以单击行标记和列标记的交叉处的全选按钮，也可以直接按快捷键"Ctrl+A"选择全部单元格，如图8-2-6所示。

8.2.2 插入单元格

在编辑工作表数据的过程中，如果要在已经有数据的单元格中插入新的数据，则需要先插入单元格。

图 8-2-7

图 8-2-8

（1）打开"生产记录表1.xlsx"，单击A5单元格，如图8-2-7所示。

（2）在"开始"选项卡的"单元格"选项组中单击"插入"按钮右侧的下三角按钮，在展开的下拉列表中单击"插入单元格"选项，如图8-2-8所示。

图 8-2-9

（3）弹出"插入"对话框，单击"活动单元格下移"单选按钮，单击"确定"按钮，如图8-2-9所示。

（4）此时当前选中单元格被空白单元格代替，当前单元格中数据及下方的数据均向下移动一个单元格，如图8-2-10所示。

图 8-2-10

8.2.3 合并单元格

在制作表格时，通常会需要将几个单元格合并为一个单元格，让表格更加美观、清晰。将几个单元格合为一个单元格可通过Excel中提供的合并单元格功能来实现，合并单元格有 3 种方式，分别为合并后居中、跨越合并和合并单元格，本节重点介绍第 1 种方式。

合并后居中是指将选择的单元格区域合并为一个单元格，将单元格区域左上角单元格中的内容合并后居中显示。

（1）打开"生产记录表 2.xlsx"，选中需要合并的单元格，选择中单元格区域 A1:C1，在"对齐方式"选项组中单击"合并后居中"按钮右侧的下三角按钮，在展开的下拉列表中单击"合并后居中"选项，如图 8-2-11 所示。

图 8-2-11

（2）此时选中的单元格区域合并为一个单元格，且合并单元格中的数据居中显示，如图 8-2-12 所示。

注意：跨越合并方式只针对行，也就是按行进行合并，合并后单元格中的数据不会居中显示。合并单元格只将选中的多个单元格合并为一个单元格，单元格中内容的样式不发生任何改变。

图 8-2-12

8.2.4　调整单元格的行高与列宽

当单元格中的数据不能完全显示出来时，可以适当地调整单元格的行高与列宽。适当地调整单元格的行高与列宽，还可以使表格更加美观、大方。调整单元格行高与列宽的方法相似，这里以调整列宽为例，介绍各种调整行高与列宽的方法。

方法一：使用鼠标拖动调整列宽

（1）打开"生产记录表 3"，将鼠标指针置于需要调整列宽的列标签右侧，待指针变为 ✛ 形状时，按住鼠标左键向右拖动，如图 8-2-13 所示。

图 8-2-13

（2）拖至适当位置后释放鼠标左键，即可得到如图 8-2-14 所示列宽，此时列单元格中的数据全部显示出来。

图 8-2-14

方法二：根据单元格数据自动调整列宽

图 8-2-15

（1）打开"生产记录表4"，选中需要调整列宽的列，如图 8-2-15 所示。

图 8-2-16

（2）在"单元格"选项组中单击"格式"按钮，在展开的下拉列表中单击"自动调整列宽"选项，如图 8-2-16 所示。

图 8-2-17

（3）此时选中的列会根据单元格中最长的数据进行列宽调整，得到如图 8-2-17 所示的效果。

图 8-2-18

方法三：精确调整单元格的列宽

（1）打开"生产记录表5.xlsx"，选中需要调整列宽的列，如图 8-2-18 所示。

图 8-2-19

（2）在"开始"选项卡下的"单元格"选项组中单击"格式"按钮，在展开的下拉列表中单击"列宽"选项，如图 8-2-19 所示。

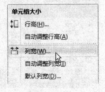

（3）弹出"列宽"对话框，在"列宽"数值框中输入列宽值，如图 8-2-20 所示，单击"确定"按钮。

图 8-2-20

（4）此时选中列的列宽变为指定的磅值，如图 8-2-21 所示。

图 8-2-21

8.2.5 删除单元格

如果工作表中有多余的单元格，可以将其删除，需要注意的是，删除单元格是将单元格及其内容一起删除，活动单元格将左移或上移，以填充删除的单元格。

（1）打开"生产记录表 6.xlsx"，选中需要删除的单元格。

（2）在"单元格"选项组中单击"删除"按钮右侧的下三角按钮，在下拉列表中单击"删除单元格"选项，如图 8-2-22 所示。

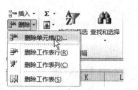

图 8-2-22

（3）弹出"删除"对话框，单击"下方单元格上移"单选按钮，如图 8-2-23 所示，单击"确定"按钮。

（4）此时选中的单元格即被删除，其下方单元格的内容上移。

图 8-2-23

8.3 在单元格中输入数据

电子表格是数据的载体，而数据是电子表格的核心，因此在表格中输入数据是非常重要的操作。在表格中输入的数据，包括文字、数字、字母和符号等。本节将介绍如何在多个单元格输入同一文字以及如何在 列中快速输入同一数字。

8.3.1 在多个单元格中同时输入同一文字

在实际工作中，经常会遇到需要在一个工作表中输入多个相同的数据，如果逐个输入比较烦琐且费时，此时可先选中需要输入相同数据的单元格，然后在编辑栏中输入数据，按一下快捷键"Ctrl+Enter"即可实现同时输入。

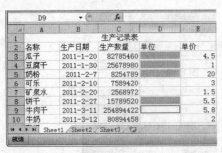

图 8-3-1

（1）打开"生产记录表7.xlsx"，单击选中D3单元格，按住Ctrl的同时单击选中D4、D5、D8、D9单元格，如图8-3-1所示。

（2）激活编辑栏，在其中输入需要的数据，如输入"袋"，如图8-3-2所示。

（3）输入完成后按一下快捷键"Ctrl+Enter"，即可在选定的多个单元格中同时输入相同数据，如图8-3-3所示。

图 8-3-2 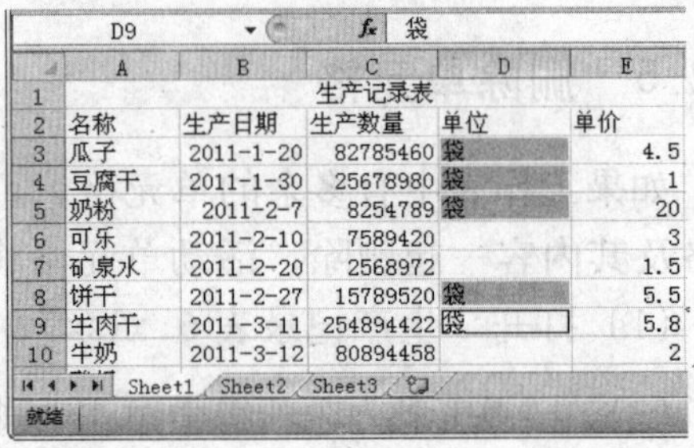　　　　　　　　　　　　图 8-3-3

8.3.2　在一列单元格中快速输入同一数据

如果需要在一列中输入相同的数据，可以使用单元格右下角的填充柄＋来实现，具体操作如下。

图 8-3-4

（1）打开"生产记录表8.xlsx"，在D3单元格中输入数据，如输入"瓶"，按一下Enter键。将鼠标指针置于D3单元格右下角，当指针变为＋形状时，按住鼠标左键向下拖动，如图8-3-4所示。

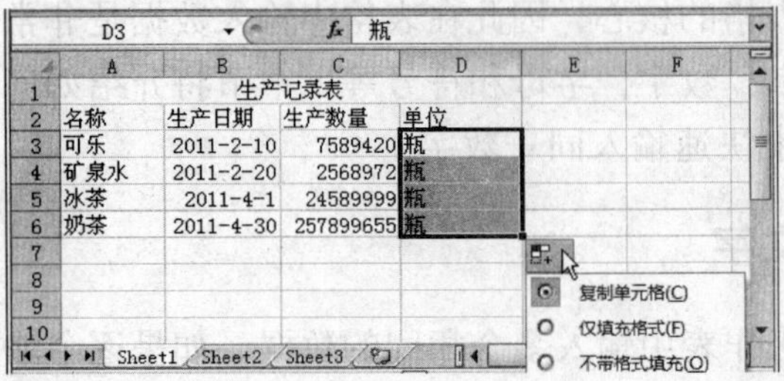

（2）拖至目标位置释放鼠标左键，此时在指针经过的单元格中输入了相同数据，单击"自动填充选项"按钮，在展开的下拉列表中选择相应的填充选项，如图8-3-5所示。

图 8-3-5

8.4　设置单元格的对齐方式

为了使表格中的内容重点突出、层次分明，可以设置数据的对齐方式，使表格更加整洁。

单元格的对齐方式包括顶端对齐、垂直居中对齐、底端对齐、左对齐、居中对齐和右对齐6种。Excel单元格默认的文本对齐方式为左对齐、数字的对齐方式为右对齐。下面以设置文本居中对齐效果为例进行介绍。

（1）打开"生产记录表9.xlsx"，选中需要设置文本对齐方式的单元格，在此为拖动选中A2:E2单元格区域，如图8-4-1所示。

图 8-4-1

（2）在"对齐方式"选项组中单击"居中"按钮，如图8-4-2所示。

图 8-4-2

（3）此时选中单元格区域中的文本显示居中对齐效果，如图8-4-3所示。

图 8-4-3

8.5　设置单元格的数字格式

由于不同的工作领域会有不同的工作需要，因此对表格中数字的类型也会有不同的要求，Excel中的数字类型有很多种类，如货币格式、日期格式、文本格式等，在数据表格中为数字设置相应的格式可以更好地表达数据。

8.5.1　设置货币格式

货币格式是数字格式中的一种，常用于财务计算，就是将数据显示为货币形式。这些货币数据不能是文本，它要参与一些运算，如汇总、分类统计等等。设置货币格式的方法有很多种，如使用"会计数字格式"按钮、"数字格式"下拉列表或"设置单元格格式"对话框，本节以第3种方法为例进行介绍。即使用"设置单元格格式"对话框设置货币格式。

图 8-5-1

图 8-5-2

（1）打开"生产记录表10.xlsx"，选中E3:E10单元格区域，如图8-5-1所示。

（2）单击"数字"选项组的对话框启动器，如图8-5-2所示。

（3）弹出"设置单元格格式"对话框，在"分类"列表框中单击"货币"选项，在"小数位数"数值框中输入1，在"负数"列表框中选择需要的形式选项，如图8-5-3所示。

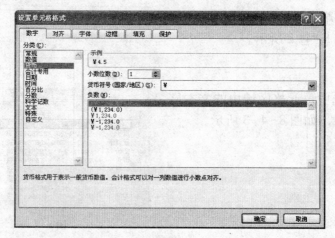

图 8-5-3

图 8-5-4

（4）此时选中单元格中的数据显示为货币形式，并为其添加一位小数，如图8-5-4所示。

8.5.2　设置日期格式

设置日期格式的方法与设置货币格式方式相同，常见的日期格式有长日期格式，短日期格式等，设置日期格式的具体方法如下。

（1）打开"生产记录表 11.xlsx"选取需要设置日期格式的单元格区域，在此选中 B3：B10 单元格区域，如图 8-5-5 所示。

图 8-5-5

（2）在"数字"选项组中单击"数字格式"下拉列表右侧的下三角按钮，在展开的下拉列表中单击"长日期"选项，如图 8-5-6 所示。

图 8-5-6

（3）此时选中的单元格数据更改为指定的日期格式形式，如图 8-5-7 所示。

图 8-5-7

8.5.3　设置文本格式

在 Excel 中可以将单元格设置为文本格式，在该单元格中输入的数字等均为文本，不能参与数据的汇总等计算。使用该方法可以输入以 0 开头的文本，如在"产品编号"单元格中输入以 0 开头的数据。

（1）打开"生产记录表 12.xlsx"，选取需要设置为文本格式的单元格，在此选中 A3：A10 单元格区域，如图 8-5-8 所示。

图 8-5-8

（2）打开"设置单元格格式"对话框，在"数字"选项卡下的"分类"列表框中单击"文本"选项，如图 8-5-9 所示，设置完成后单击"确定"按钮。

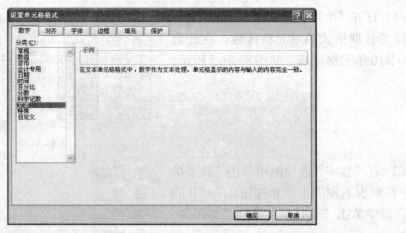

图 8-5-9

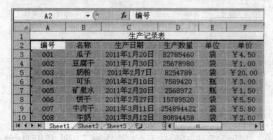

图 8-5-10

（3）在设置文本格式的单元格中输入以0开头的产品编号，即可得到如图8-5-10所示的数据。

8.6 美化工作表

在 Excel 2010 中提供了用于美化工作表外观的功能，如设置表格的边框和填充效果、使用表格样式等。使用这些功能将突出显示工作表中的数据，方便用户查阅，同时增强表格的美观。

8.6.1 为表格添加边框

在工作表中添加边框是为了突出显示数据表格，使表格更清晰。

通过对话框添加边框，操作步骤如下：

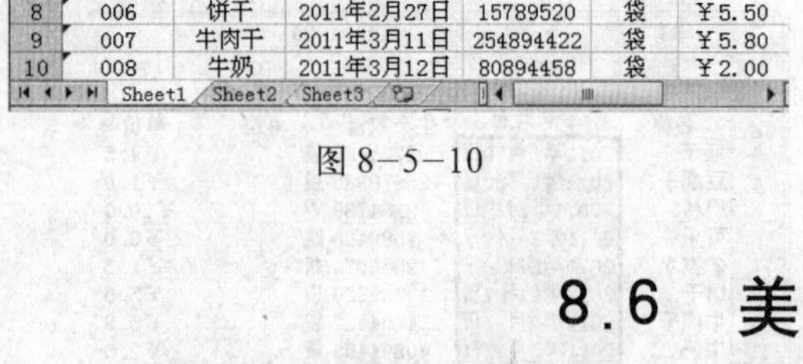

（1）打开"生产记录表13.xlsx"，选中需要添加边框的单元格，如选中 A2:F10 单元格区域，如图8-6-1所示。

图 8-6-1

（2）打开“设置单元格格式”对话框，切换至“边框”选项卡，在“线条”选项组的“样式”列表框中选择需要的样式，设置“颜色”为“紫色”，并单击“外边框”按钮，如图 8−6−2 所示。

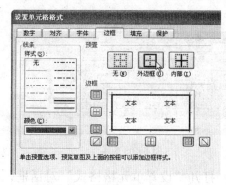

图 8−6−2

（3）在“样式”列表框中选择内边框线条样式，然后单击“内部”按钮，如图 8−6−3 所示，设置完成后单击“确定”按钮。

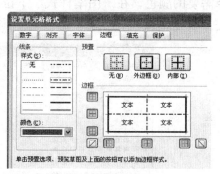

图 8−6−3

（4）此时，选中的单元格区域添加了指定颜色及样式的内、外边框，得到如图 8−6−4 所示的表格效果。

	A	B	C	D	E	F
1	生产记录表					
2	编号	名称	生产日期	生产数量	单位	单价
3	001	瓜子	2011年1月20日	82785460	袋	￥4.50
4	002	豆腐干	2011年1月30日	25678980	袋	￥1.00
5	003	奶粉	2011年2月7日	8254789	袋	￥20.00
6	004	可乐	2011年2月10日	7589420	瓶	￥3.00
7	005	矿泉水	2011年2月20日	2568972	瓶	￥1.50
8	006	饼干	2011年2月27日	15789520	袋	￥5.50
9	007	牛肉干	2011年3月11日	254894422	袋	￥5.80
10	008	牛奶	2011年3月12日	80894458	袋	￥2.00

图 8−6−4

8.6.2 为表格填充背景

为表格填充背景就是为表格添加底纹样式，使用填充背景可以突出表格数据，填充表格背景分为纯色、渐变色和图案等几种填充方法。

（1）打开“生产记录表 14.xlsx”，选中需要以纯色填充的单元格，例如选中 A2:F2 单元格区域。在“字体”选项组中单击“填充颜色”按钮右侧的下三角按钮，在展开的颜色列表中单击“浅蓝”选项，如图 8−6−5 所示。

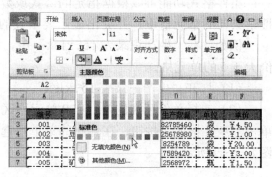

图 8−6−5

（2）此时选中的单元格区域以指定颜色填充单元格背景。

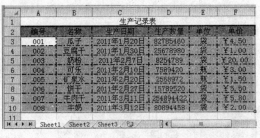

图 8-6-6

（3）在工作表中选中需要以图案填充的A3:F10单元格区域，如图8-6-6所示。

（4）打开"设置单元格格式"对话框，在"填充"选项卡下的"图案颜色"下拉列表中选择需要的颜色，在"图案样式"下拉列表中选择需要的图案样式，如图8-6-7所示，单击"确定"按钮。

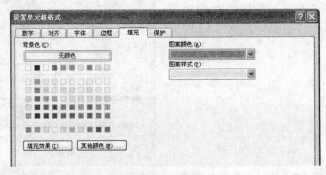

图 8-6-7

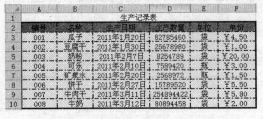

图 8-6-8

（5）此时选中的单元格区域以指定颜色的图案填充背景，得到如图8-6-8所示的效果。

8.6.3　使用条件格式

条件格式功能可以根据指定的公式或数值来确定搜索条件，然后将格式应用到符合搜索条件的单元格中，并突出显示要检查的动态数据。

例如：在"生产记录表15.xlsx"中，设置以浅红填充色、深红色文本突出显示单价大于5的单元格。

（1）打开"生产记录表15.xlsx"。

（2）选择单价所在的F3:F10单元格区域，然后在"开始"选项卡的"样式"组中单击"条件格式"按钮，在弹出的菜单中选择"突出显示单元格规则→大于"命令，如图8-6-9所示。

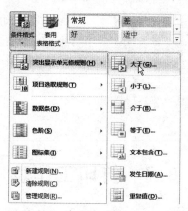

图 8-6-9

（3）打开"大于"对话框，在"为大于以下值的单元格设置格式"文本框中输入5，然后在"设置为"下拉列表框中选择"浅红填充色深红色文本"选项，如图8-6-10所示。

图 8-6-10

（4）单击"确定"按钮，效果如图8-6-11所示。

	A	B	C	D	E	F
1			生产记录表			
2	编号	名称	生产日期	生产数量	单位	单价
3	001	瓜子	2011年1月20日	82785460	袋	￥4.50
4	002	豆腐干	2011年1月30日	25678980	袋	￥1.00
5	003	奶粉	2011年2月7日	8254789	袋	￥20.00
6	004	可乐	2011年2月10日	7589420	瓶	￥3.00
7	005	矿泉水	2011年2月20日	2568972	瓶	￥1.50
8	006	饼干	2011年2月27日	15789520	袋	￥5.50
9	007	牛肉干	2011年3月11日	254894422	袋	￥5.80
10	008	牛奶	2011年3月12日	80894458	袋	￥2.00

图 8-6-11

8.6.4　套用工作表样式

在 Excel 2010 中，可以套用整个工作表样式，节省格式化工作表的时间。在"样式"组中，单击"套用表格格式"按钮，弹出工作表样式菜单，如图8-6-12所示。

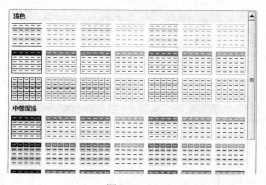

图 8-6-12

在菜单中单击要套用的工作表样式，会打开"套用表格式"对话框，选择套用工作表样式的范围，然后单击"确定"按钮，如图8-6-13所示。

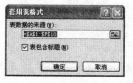

图 8-6-13

图 8-6-14

即可自动套用工作表样式，如图 8-6-14 所示。

8.7 打印工作表

进行了页面设置和打印预览后，如果对设置的效果满意即可开始打印。

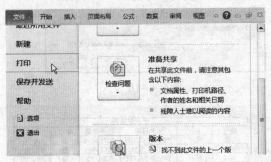

图 8-7-1

（1）打开需要打印的工作表，单击"文件"按钮，在弹出的菜单中单击"打印"选项，如图 8-7-1 所示。

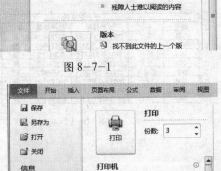

图 8-7-2

（2）在"打印"选项组中的"副本"数值框中输入打印份数，如输入3，如图8-7-2所示，即将工作表打印 3 份。

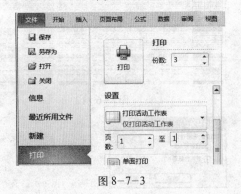

图 8-7-3

（3）在"设置"选项组中的"页数"右侧的数值框中输入开始页码，在"至"右侧的数值框中输入结束页码，如图 8-7-3 所示。

(4) 经过上述打印属性的设置后，在“打印”选项组中单击“打印”图标即可开始打印，如图 8-7-4 所示。

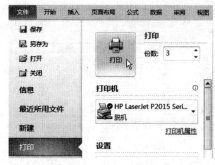

图 8-7-4

8.8　实例——制作销售统计表

(1) 新建空白工作簿，右击 Sheet1 工作表标签，在弹出的快捷菜单中单击“重命名”选项，如图 8-8-1 所示。

图 8-8-1

(2) 激活工作表标签，输入工作表新名称，然后在工作表中输入需要的数据，并设置数据的格式，如图 8-8-2 所示。

	A	B	C	D	E	F
1	超市饮料销售统计表					
2	代码编号	饮料名称	单位	单价	销售量	销售额
3	01	露露	听	￥2.90	20	
4	02	可乐	听	￥6.00	43	
5	03	鲜橙多	听	￥2.60	65	
6	04	汽水	瓶	￥1.00	91	
7	05	啤酒	瓶	￥2.00	33	
8	06	牛奶	瓶	￥1.00	124	
9	07	矿泉水	瓶	￥1.00	158	

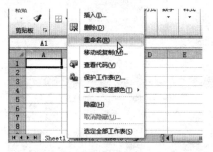

图 8-8-2

(3) 选中需要合并的 A1:F1 单元格区域，在“对齐方式”选项组中单击“合并后居中”按钮右侧的下三角按钮，在展开的下拉列表中单击“合并后居中”选项，如图 8-8-3 所示。

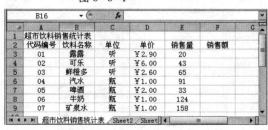

图 8-8-3

(4) 选中 A1:F1 单元格区域，设置“字体”为“幼圆”、“字号”为 16 磅、“字形”为加粗，“颜色”为“绿色”，得到如图 8-8-4 所示的表格标题效果。

	A	B	C	D	E	F
1	超市饮料销售统计表					
2	代码编号	饮料名称	单位	单价	销售量	销售额
3	01	露露	听	￥2.90	20	
4	02	可乐	听	￥6.00	43	
5	03	鲜橙多	听	￥2.60	65	
6	04	汽水	瓶	￥1.00	91	
7	05	啤酒	瓶	￥2.00	33	
8	06	牛奶	瓶	￥1.00	124	
9	07	矿泉水	瓶	￥1.00	158	

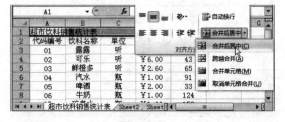

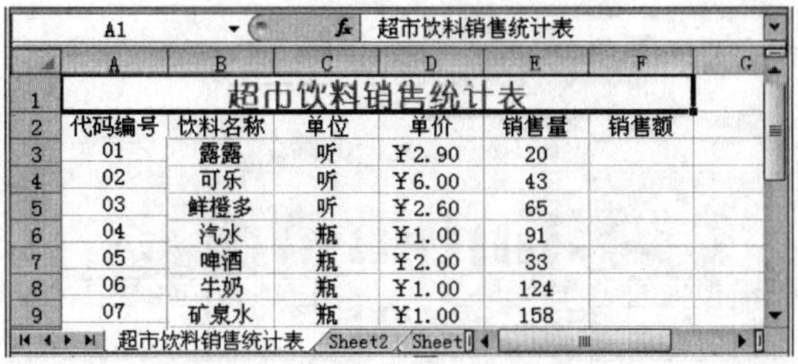

图 8-8-4

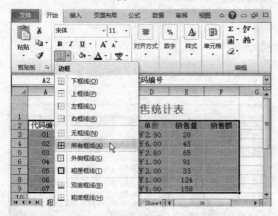

图 8-8-5

（5）将鼠标指针置于需要更改行高的单元格行标签下边缘，当指针变为 + 形状时，按住鼠标左键拖动，如图 8-8-5 所示。

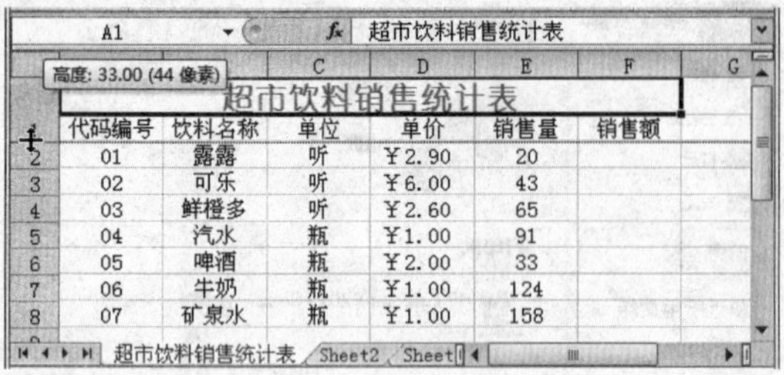

图 8-8-6

（6）拖动适当位置，释放鼠标左键即可完成调整，如图 8-8-6 所示。

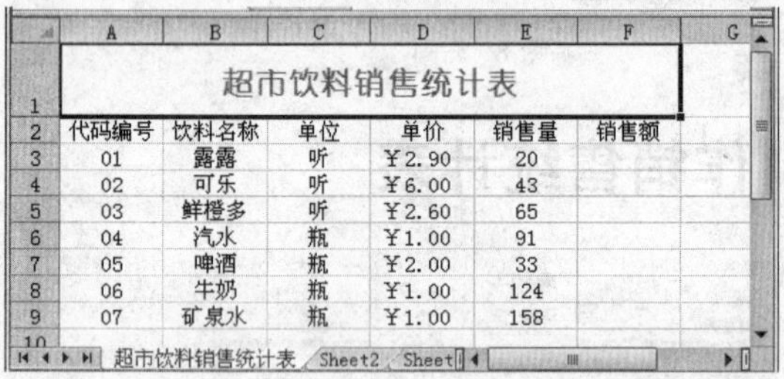

图 8-8-7

（7）选中需要添加边框的 A2:F9 单元格区域，在"字体"选项组中单击"边框"按钮右侧的下三角按钮，在展开的下拉列表中单击"所有框线"选项，如图 8-8-7 所示。

图 8-8-8

（8）此时选中的单元格均添加了默认颜色的边框，如图 8-8-8 所示。

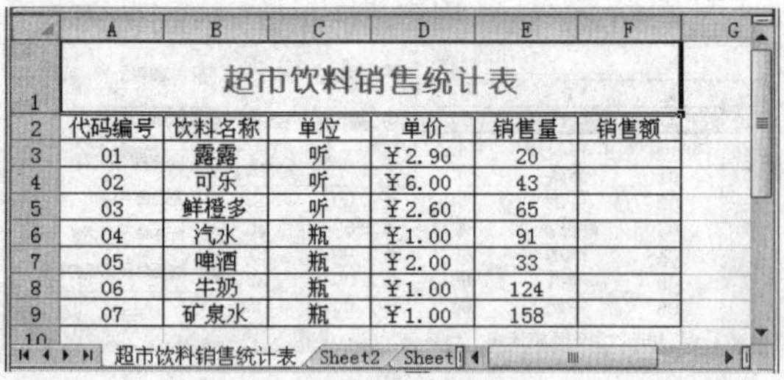

图 8-8-9

（9）选中需要以纯色填充的 A1 单元格，在"字体"选项组中单击"填充颜色"按钮右侧的下三角按钮，在展开的颜色列表框中单击需要的颜色图标，如图 8-8-9 所示。

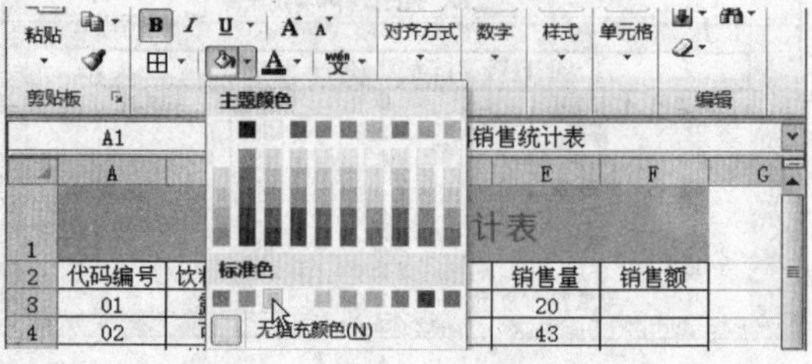

（10）选中 A2:F9 单元格区域并右击，在弹出的快捷菜单中单击"设置单元格格式"选项，如图 8-8-10 所示。

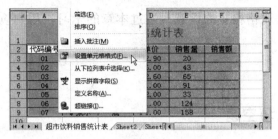

图 8-8-10

（11）弹出"设置单元格格式"对话框，在"填充"选项卡下单击"图案颜色"下拉列表的下三角按钮，单击"浅蓝"图标，如图 8-8-11 所示。

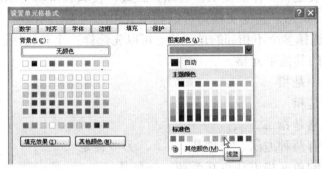

图 8-8-11

（12）单击"图案样式"下拉列表框的下三角按钮，然后单击需要的图案样式，如图 8-8-12 所示。

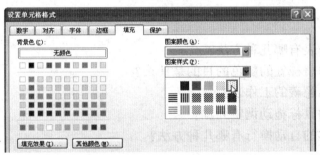

图 8-8-12

（13）此时选中单元格区域以指定颜色的图案样式填充，得到如图 8-8-13 所示的单元格效果，完成销售统计表的制作。

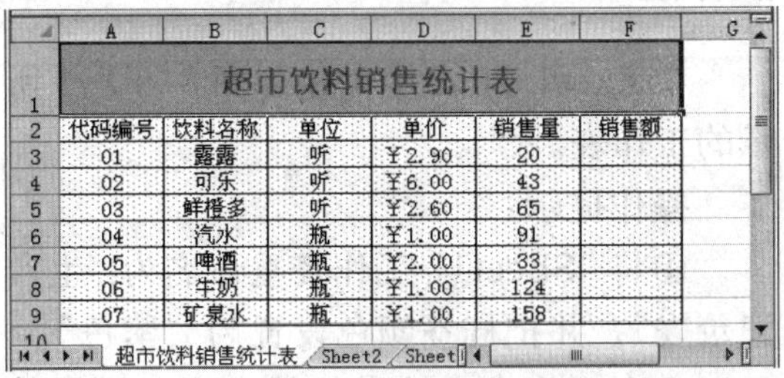

图 8-8-13

8.9　小　结

本章主要讲解了 Excel 工作表的新建、重命名、单元格的插入、调整、合并以及单元格格式的设置，通过本章的学习，用户应能自动或动手制作美观、整齐的表格了。

8.10 习 题

填空题

（1）工作表的基础操作包括______、______、______、______、______等。

（2）默认情况下，一个工作簿包含______张工作表。

（3）隐藏工作表是将工作表及工作表标签隐藏，使其在屏幕上无法查看，但隐藏工作表仍然处于______状态，其他文档仍可以利用其中的信息。

（4）如果需要选择多个不相邻的单元格，可以先选择一个单元格，在按住______键的同时单击需要选择的其他单元格。

（5）合并后居中是指______。

（6）跨越合并是指______。

（7）合并单元格是指______。

（8）隐藏数据有两种方法，一种是______，另一种是______。

（9）显示隐藏的单元格方法也有两种，一种是______，另一种______。

（10）Excel 单元格默认的文本对齐方式为______、数字的对齐方式为______。

（11）常见的日期格式有______、______。

简答题

（1）插入工作表有哪几种方法？

（2）更改工作表标签的颜色的目的是什么？

（3）如何显示隐藏的工作表？

（4）如何使用鼠标拖动调整列宽？

（5）设置文本的自动换行有哪几种方法？

操作题

在 Excel 2010 中创建如图 8-10-1 所示的工作表。

操作提示：

①将“Sheet1”工作表重命名为：生产记录表”，并把标签颜色设置为“紫色”。

②在工作表中输入相关内容，设置数字格式。

③设置数据的字体格式、边框和底纹等效果。

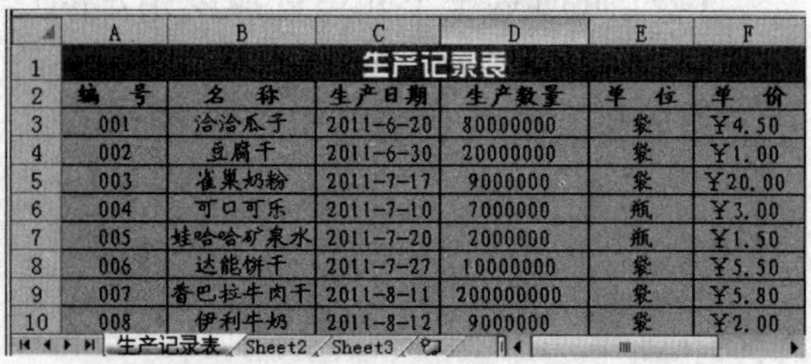

	A	B	C	D	E	F
1	生产记录表					
2	编　号	名　称	生产日期	生产数量	单　位	单　价
3	001	洽洽瓜子	2011-6-20	80000000	袋	￥4.50
4	002	豆腐干	2011-6-30	20000000	袋	￥1.00
5	003	雀巢奶粉	2011-7-17	9000000	袋	￥20.00
6	004	可口可乐	2011-7-10	7000000	瓶	￥3.00
7	005	娃哈哈矿泉水	2011-7-20	2000000	瓶	￥1.50
8	006	达能饼干	2011-7-27	10000000	袋	￥5.50
9	007	香巴拉牛肉干	2011-8-11	200000000	袋	￥5.80
10	008	伊利牛奶	2011-8-12	9000000	袋	￥2.00

图 8-10-1

第9章　Excel 2010 的数据计算

本章学习目标：
- 📂 公式的概念
- 📂 公式的使用
- 📂 函数的概念
- 📂 函数的使用
- 📂 单元格的引用

9.1　Excel 2010 公式的使用

9.1.1　公式的概念

Exel 的一个强大功能是可以在单元格内输入公式，系统自动在单元格内显示计算结果。公式中除了使用一些数学运算符外，还可使用系统提供的强大的数据处理函数。

Excel 中的公式是对表格中的数据进行计算的一个运算式，参加运算的数据可以是常量，也可以是代表单元格中数据的单元格地址，还可以是系统提供的一个函数。每个公式都能根据参加运算的数据计算出一个结果。

1. 常量

常量是一个固定的值，从字面上就能知道该值是什么或它的大小是多少。公式中的常量有数值型常量、文本型常量和逻辑常量。

数据型常量：可以是整数、小数、分数、百分数、不能带千分位和货币符号。例如：100、2.8、1/2、15% 等都是合法的数据型常量，2A、1，000、$123 等都是非法的数值型常量。

文本型常量：文本型常量是英文双引号括起来的若干字符，但其中不能包含英文双引号。例如"平均值是"、"总金额"等都是合法的文本型常量。

逻辑常量：只有 TRUE 和 FALSE 这两个值，分别表示真和假。

2. 运算符

Excel 中公式的概念与数学公式的概念基本上是一致的。通常情况下，一个公式是由各种运算符、常量、函数以及单元格引用组成的合法运算式，而运算符则指定了对数据进行的某种运算处理。

运算符根据参与运算数据的个数分为单目运算符和双目运算符。单目运算符只有一个数据参与运算，双目运算符有两数据参与运算。

运算符根据参与运算的性质分为算术运算符、比较运算符和文字连接符 3 类。

表9-1-1

算术运算符	类型	含义	示例
-	单目	负	-A1
+	双目	加	3+3
-	双目	减	3-1
*	双目	乘	3*3
/	双目	除	3/3
%	单目	百分比	20%
^	双目	乘方	3^2

（1）算术运算符。算术运算符用来对数值进行算术运算，结果还是数值。Excel中的算术运算符及其含义如表9-1-1所示。

算术运算的优先级由高到低为：-（求负）、%、^、*和/、+和-，如果优先级相同（如*和/），则按从左到右的顺序计算。例如，运算式"1+2%-3^4/5*6"的计算顺序是：%、^、/、*、+、-，计算结果是-9618%。

表9-1-2

比较运算符	含义	比较运算符	含义
=	等于	>=	大于等于
>	大于	<=	小于等于
<	小于	<>	不等于

（2）比较运算符。比较运算符用来比较两个文本、数值、日期、时间的大小，结果是一个逻辑值。比较运算的优先级比算术运算的低。比较运算符及其含义如表9-1-2所示。

各种类型数据的比较规则如下。

● 数值型数据的比较规则是：按照数值的大小进行比较。

● 日期型数据的比较规则是：昨天<今天<明天。

● 时间型数据的比较规则是：过去<现在<将来。

● 文本型数据的比较规则是：按照字典顺序比较。

字典顺序的比较规则如下。

● 从左向右进行比较，第1个不同字符的大小就是两个文本型数据的大小。

● 如果前面的字符都相同，则没有剩余字符的文本小。

● 英文字符<中文字符。

● 英文字符按在ASCII表中的顺序进行比较，位置靠前的小，从ASCII表中不难看出：空格<大写字母<小写字母。

● 在中文字符中，中文符号（如★）<汉字。

● 汉字的大小按字母顺序，即汉字的拼音顺序，如果拼音相同则比较声调，如果声调相同则比较笔画。如果一个汉字有多个读音，或者一个读音有多个声调，则系统选取最常用的拼音和声调。

例如："12"<"3"、"AB"<"AC"、"A"<"AB"、"AB"<"ab"、"AB"<"中"的结果都为TURE。

（3）文字连接符。文字连接符只有一个"&"，是双目运算符，用来连接文本或数据，结果是文本类型。文字连接的优先级比算术运算符的低，但比比较运算符的高。以下是文字连接的示例。

"计算机"&"应用"，其结果是"计算机应用"。

"12"&"34"，其结果是"1234"。

9.1.2　使用公式

在Excel 2010中，可直接输入公式，直接输入公式的过程与单元格内容编辑的过程大致相同，不同之处如下。

● 公式必须以英文等于号“=”开始，然后再输入公式。

● 输入完公式后，单元格中显示的是公式的计算结果。

● 常量、单元格引用、函数名、运算符等必须是英文符号。

● 公式中只允许使用小括号“()”，且必须是英文的小括号；括号必须成对出现，并且配对正确。

1.输入公式

在Excel 2010中输入公式的方法与输入文本的方法类似，具体步骤为：选择要输入公式的单元格，在编辑栏中直接输入“=”符号，然后输入公式内容，按Enter键即可将公式运算的结果显示在所选单元格中。

(1)打开“公司费用表.xlsx”，选定D3单元格，然后在编辑栏中输入公式“=C3-B3”，如图9-1-1所示。

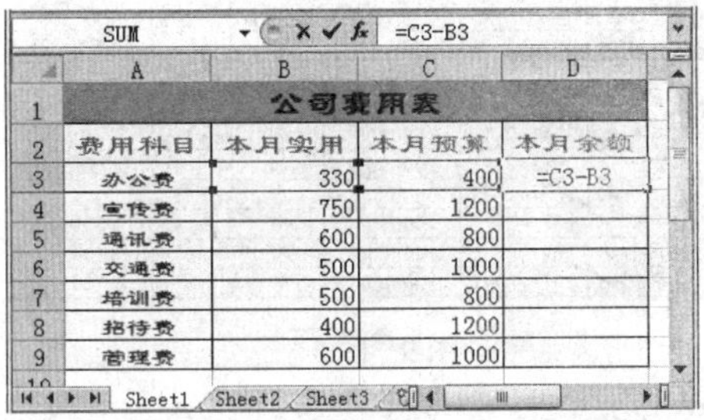
SUM　=C3-B3

	A	B	C	D
1	公司费用表			
2	费用科目	本月实用	本月预算	本月余额
3	办公费	330	400	=C3-B3
4	宣传费	750	1200	
5	通讯费	600	800	
6	交通费	500	1000	
7	培训费	500	800	
8	招待费	400	1200	
9	管理费	600	1000	

图9-1-1

(2)按Enter键，即可在D3单元格中显示公式计算结果，如图9-1-2所示。

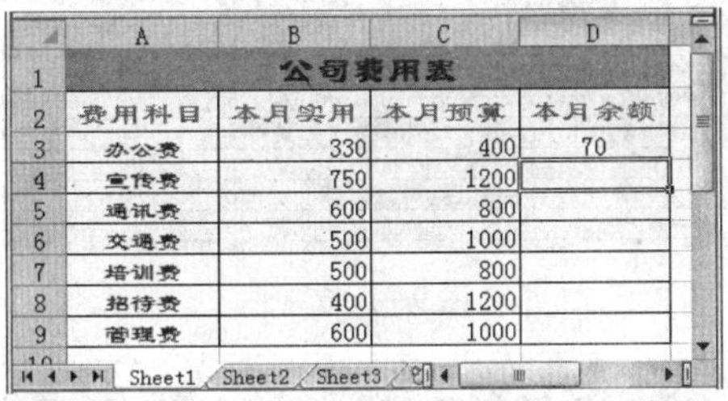

	A	B	C	D
1	公司费用表			
2	费用科目	本月实用	本月预算	本月余额
3	办公费	330	400	70
4	宣传费	750	1200	
5	通讯费	600	800	
6	交通费	500	1000	
7	培训费	500	800	
8	招待费	400	1200	
9	管理费	600	1000	

图9-1-2

2.复制公式

通过复制公式，可以快速地在其他单元格中输入公式。复制公式的方法与复制数据的方法相似，但在Excel中，复制公式往往与公式的相对引用结合使用，以提高输入公式的效率。

(1)打开“公司费用表1.xlsx”。

(2)选定D3单元格，将鼠标指针移至D4单元格的右下方，当其变为+形状时，按住鼠标左键向下拖动至D9单元格，如图9-1-3所示。

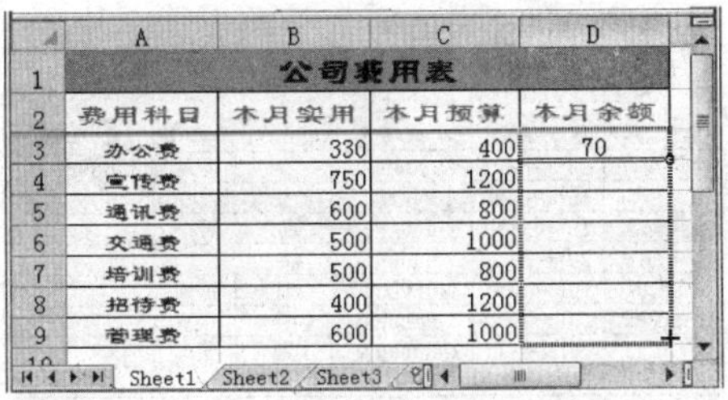

	A	B	C	D
1	公司费用表			
2	费用科目	本月实用	本月预算	本月余额
3	办公费	330	400	70
4	宣传费	750	1200	
5	通讯费	600	800	
6	交通费	500	1000	
7	培训费	500	800	
8	招待费	400	1200	
9	管理费	600	1000	

图9-1-3

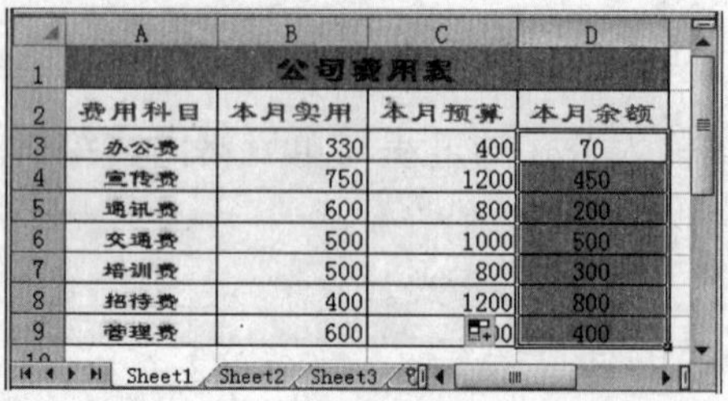

图 9-1-4

（3）释放鼠标左键后，Excel会自动将D3单元格中的公式复制到D4:D9的各单元格中，如图9-1-4所示。

3.修改公式

当调整单元格或输入了错误的公式后，可以对相应的公式进行调整与修改，具体方法为：首先选择需要修改公式的单元格，然后在编辑栏中使用修改文本的方法对公式进行修改，最后按Enter键即可。

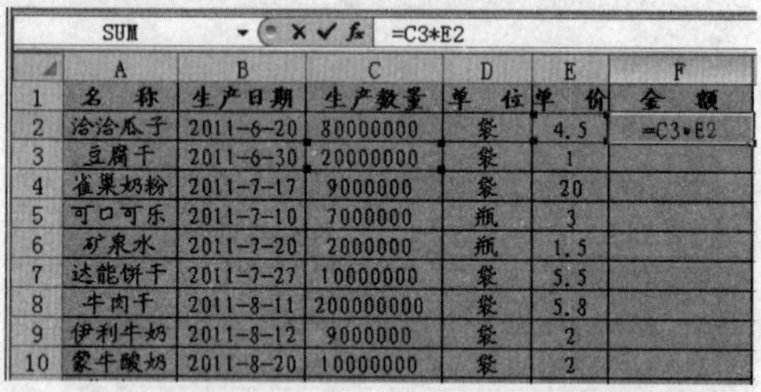

图 9-1-5

（1）打开"生产记录表18.xlsx"，双击需要修改的单元格，这里双击F2单元格，此时被引用的单元格以彩色边框显示，如图9-1-5所示。

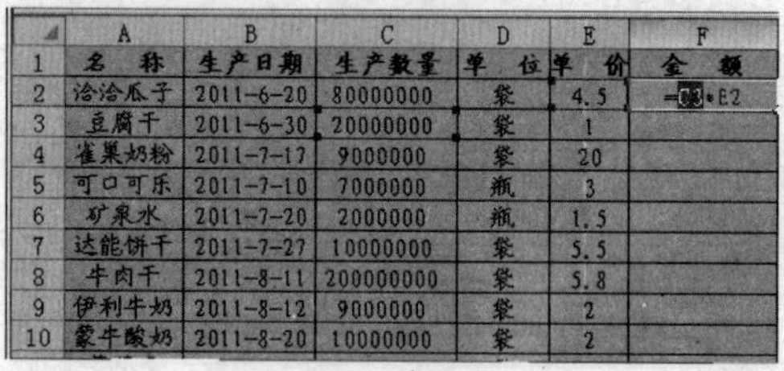

图 9-1-6

（2）将鼠标指针定位到需要修改的单元格地址处，并按住鼠标左键拖动将其选择，这里选择C3，如图9-1-6所示。

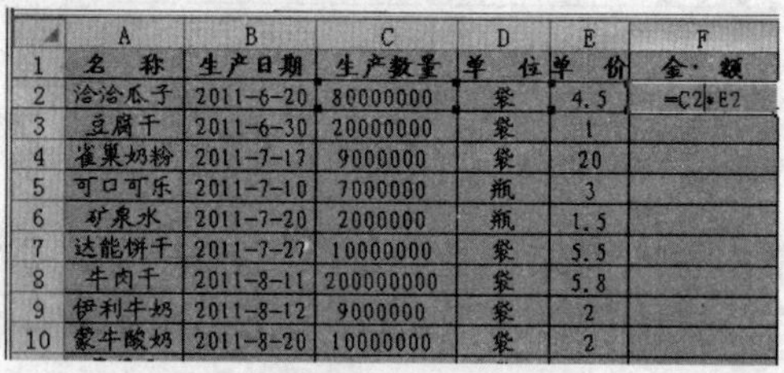

图 9-1-7

（3）直接输入正确的单元格地址"C2"如图9-1-7所示。

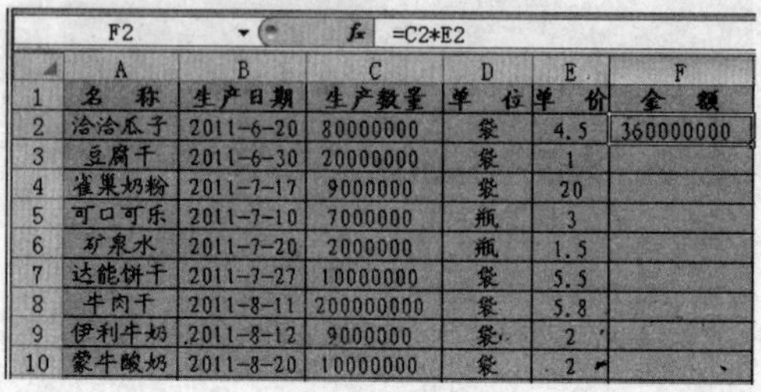

图 9-1-8

（4）单击编辑栏中的☑按钮即可完成修改公式操作，并计算出正确结果，如图9-1-8所示。

4.显示公式

默认设置下，单元格中只显示公式计算的结果，而公式本身则只显示在编辑栏中，为了方便检查公式的正确性，可以设置在单元格中显示公式。

（1）打开“公司费用表2.xlsx”工作簿。

（2）打开“公式”选项卡的“公式审核”组，在该组中可以完成Excel中公式的常用设置操作，如图9−1−9所示。

追踪引用单元格
显示公式
追踪从属单元格
错误检查
移去箭头
公式求值
监视窗口
公式审核

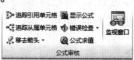

图9−1−9

（3）在“公式审核”组中单击“显示公式”按钮，即可设置在单元格中显示公式，如图9−1−10所示。

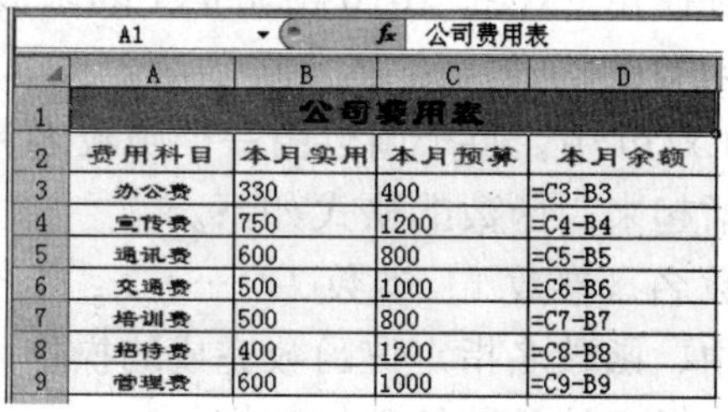

A1
公司费用表
费用科目 本月实用 本月预算 本月余额
办公费 330 400 =C3-B3
宣传费 750 1200 =C4-B4
通讯费 600 800 =C5-B5
交通费 500 1000 =C6-B6
培训费 500 800 =C7-B7
招待费 400 1200 =C8-B8
管理费 600 1000 =C9-B9

图9−1−10

5.删除公式

在Excel中，使用公式计算出结果后，可以设置删除该单元格中的公式，并保留结果。

（1）打开“仓库存货表.xlsx”，右击G10单元格，在弹出的快捷菜单中选择“复制”命令。

（2）在“开始”选项卡的“剪贴板”组中单击“粘贴”按钮下方的倒三角按钮，在弹出的菜单中选择“选择性粘贴”命令，打开“选择性粘贴”对话框，如图9−1−11所示。

选择性粘贴
粘贴
全部(A)
公式(F)
数值(V)
格式(T)
批注(C)
有效性验证(N)
所有使用源主题的单元(H)
边框除外(X)
列宽(W)
公式和数字格式(R)
值和数字格式(U)
所有合并条件格式(G)
运算
无(O)
加(D)
减(S)
乘(M)
除(I)
跳过空单元(B)
转置(E)
粘贴链接(L)
确定
取消

图9−1−11

（3）在“粘贴”选项区域中选择“数值”单选按钮，然后单击“确定”按钮，即可删除G10单元格中的公式但保留结果，如图9−1−12所示。

G3
800
仓库存货表
名称 上月库存 本月入库 本月出库 单位 现存量
台式电脑 1000 0 200 台 800
笔记本 500 200 400 台 300
数码相机 300 0 50 台 250
数码摄像机 600 200 300 台 500
MP3播放机 1000 500 600 台 900
录音笔 400 100 50 支 450
CD播放器 900 0 100 台 800
(Ctrl)
Sheet1
Sheet2
Sheet3

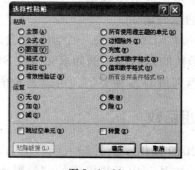

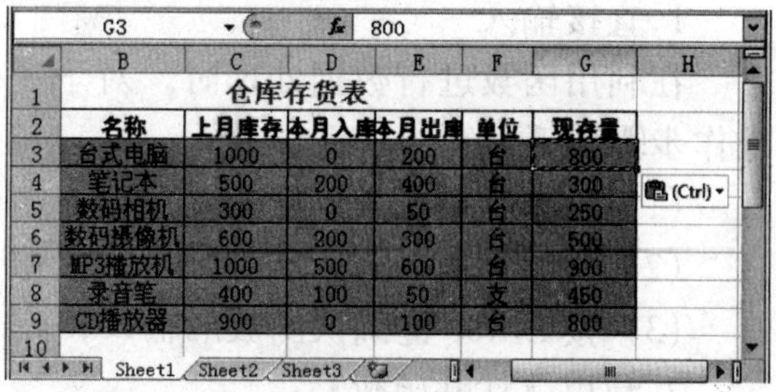

图9−1−12

9.2 Excel 2010函数的使用

在Excel中，函数是系统预先设置的用于执行数学运算、文本处理或者逻辑计算的一系列计算公式或计算过程，用户无需了解这些计算公式或计算过程是如何实现的，只要掌握函数的功能和使用方法即可。

9.2.1 函数的概念

通过使用Excel 2010预先定义的函数，可大大简化Excel中的数据计算处理。

1.函数的格式

在Excel中，每个函数由一个函数名和相应的参数组成，参数位于函数名的右侧并用括号括起来。函数的格式如下。

函数名（参数1，参数2，…）

其中，函数名指定该函数完成的操作，而参数（若有多个参数则多个参数之间以逗号分隔）指定该函数处理的数据。

例如，函数SUM（1，3，5，7），函数名SUM指定求和，参数"1，3，5，7"指定参与累加求和的数据。

2.函数的参数

函数名是系统规定的，而函数的参数则往往需要用户自己指定。参数可以是常量、单元格地址、单元格区域地址、公式或其他函数，给定的参数必须符合函数的要求，如SUM函数的参数必须是数值型数据。

3.函数的返回值

与公式一样，Excel中每一个函数都会对参数进行处理计算，得到一个唯一的结果，该结果称为函数的返回值。例如求和函数SUM（1，3，5，7）产生一个唯一的结果16。

函数的返回值有多种类型，可以是数值，也可以是文本和逻辑值等其他类型。

9.2.2 使用函数

Excel 2010提供了两种输入函数的方法，一是像公式一样在存放返回值的单元格中直接输入；二是利用系统提供的"粘贴函数"的方法实现输入。

1.直接输入

在利用函数进行数据处理时，对于一些比较熟悉的函数可以采用直接输入的方法，操作步骤如下：

（1）单击存放函数返回值的单元格，使其成为活动单元格。

（2）依次输入等号、函数名、左括号、具体参数、右括号。

（3）按Enter键确认函数的输入，此时单元格中会显示该函数的计算结果。

2.利用【粘贴函数】

由于Excel中提供了大量的函数，并且许多函数不经常使用，用户很难记住它们的参数，因此系统提供了【粘贴函数】方法，按照给出的提示逐步选择需要的函数及其相应的参数，操作过程如下：

（1）打开"电器销售记录表.xlsx"。

（2）选定H8单元格，然后打开"公式"选项卡，在"函数库"组中单击"其他函数"按钮，在弹出的菜单中选择"统计→AVERAGE"命令，打开"函数参数"对话框，如图9-2-1所示。

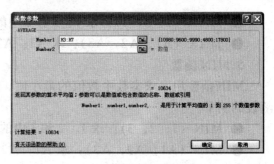

图9-2-1

（3）在AVERAGE选项区域的Number1文本框中输入计算平均值的范围，这里输入H3:H7，单击"确定"按钮，即可在H8单元格中显示计算结果，如图9-2-2所示。

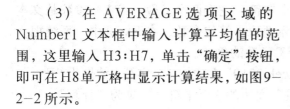

图9-2-2

9.2.3 常用函数应用举例

Excel 2010提供了近200个内部函数，以下是8个常用的函数。

1.SUM函数

SUM函数用来将各参数累加，求它们的和。参数可以是数值常量，也可以是单元格地址，还可以是单元格区域引用。下面是使用SUM函数的例子。

● SUM（1，2，3）：计算1+2+3的值，结果为6。

● SUM（A1，A2，A2）：求A1、A2、A3单元格中数的和。

● SUM（A1:F4）：求A1:F4单元格区域中数的和。

● SUM（A1:C3 B1:D3）：求B1:C3单元格区域中数的和。

2.AVERAGE函数

AVERAGE函数用来求参数中数值的平均值。其参数要求与SUM函数的一样。下面是使用AVERAGE函数的例子。

● AVERAGE（1，2，3）：求1、2和3的平均值，结果为2。

● AVERAGE（A1，A2，A3）：求A1:A2:A3单元格中数的平均值。

3.COUNT函数

COUNT函数用来计算参数中数值项的个数，只有数值类型的数据才被计数、下面是使用COUNT函数的例子。

● COUNT（A1，B2，C3，E4）：统计A1、B2、C3、E4单元格中数值项的个数。

● COUNT（A1:A8）：统计A1:A8单元格区域中数值项的个数。

4.MAX函数

MAX函数用来求参数中数值的最大值、其参数要求与SUM函数的一样。下面是使用MAX函数的例子。

● MAX（1，2，3）：求1、2和3中的最大值，结果为3。

● MAX（A1，A2，A3）：求A1、A2、A3单元格中数的最大值。

5．MIN 函数

MIN函数用来求参数中数值的最小值。其参数要求与SUM函数的一样。下面是MIN函数的例子。

● MIN（1，2，3）：求1、2和3中的最小值，结果为1。

● MIN（A1，A2，A3）：求A1、A2、A3单元格中数的最小值。

6．LEFT 函数

LEFT函数用来取文本数据左面的若干个字符。它有两个参数，第1个参数是文本常量或单元格地址，第2个参数是整数，表示要取字符的个数、在Excel中，系统把一个汉字当作一个字符处理。下面是使用LEFT函数的例子。

● LEFT（"Excel 2010"，3）：取"Excel 2010"左边的3个字符，结果为"Exc"。

● LEFT（"计算机"，2）：取"计算机"左边的2个字符，结果为"计算"。

7．RIGHT 函数

RIGHT函数用来取文本数据右面的若干个字符。参数与LEFT函数的相同。下面是使用RIGTH函数的例子。

● RIGHT（"Excel 2010"，3）：取"Excel 2010"右边的3个字符，结果为"010"。

● RIGHT（"计算机"，2）：取"计算机"右边的2个字符，结果为"算机"。

8．IF 函数

IF函数检查第1个参数值是真还是假，如果是真，则返回第2个参数的值，如果是假，则返回第3个参数的值。此函数包含3个参数：要检查的条件，当条件为真时的返回值和条件为假时的返回值。下面是使用IF函数的例子。

● IF（1+1=2，"天才"，"奇才"）：因为"1+1=2"为真，所以结果为"天才"。

● IF（B5<60，"不及格"，"及格"）：如果B5单元格中值小于60，则结果为"不及格"，否则，其结果为"及格"。

9.3　Excel 2010 的单元格引用

利用公式或函数进行数据处理时，经常需要通过单元格地址调用单元格中的数据，即单元格的引用。通过单元格的引用可以非常方便地使用工作表中不同部分的数据，大大扩展了Excel处理数据的能力。在Excel中，根据单元格的不同引用方式，可分为相对引用、绝对引用和混合引用3种类型。

9.3.1　相对引用

在相同引用方式中，所引用的单元格地址是按"列标＋行号"格式表示的，例如，A1、B5等。

在相对引用中，如果将公式（或函数）复制或填充到其他单元格中，系统会根据目标单元格与原始单元格的位移，自动调整原始公式中单元格地址的行号与列标。

例如，在如图 9-3-1 所示的工作表中，C2 单元格中的公式是"=A2+B2"。

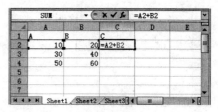

图 9-3-1

　　如果将 C2 的公式复制或填充到 C3 单元格。则 C3 单元格的公式自动调整为"=A3+B3"，即公式中相对地址的行坐标加 1，如图 9-3-2 所示。

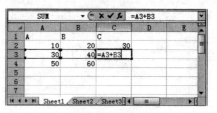

图 9-3-2

9.3.2　绝对引用

　　在绝对引用方式中，所引用的单元格地址是按"\$列标+\$行号"格式表示的，例如，\$A\$1、\$B\$5 等。

　　与相对引用相反，若将采用绝对引用的公式（或函数）复制或填充到其他单元格中，其中的单元格引用地址不会随着移动的位置自动产生相应的变化，是"完全"复制。

　　例如，在如图 9-3-3 所示的工作表中，C2 单元格中的公式是"\$A\$2+\$B\$2"。

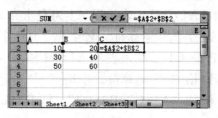

图 9-3-3

　　如果将 C2 的公式复制或填充到 C3 单元格，则 C3 单元格的公式为"=\$A\$2+\$B\$2"，如图 9-3-4 所示。

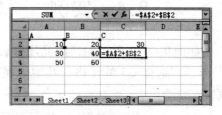

图 9-3-4

9.3.3　混合引用

　　在混合引用方式中，所引用的单元格地址是按"\$列标+行号"或"列标+\$行号"的格式表示的，例如，\$A1、B\$5 等。

　　与相对引用和绝对引用相比，若将采用混合引用的公式（或函数）复制或填充到其他单元格中，前面带有"\$"号的列标或行号的部分不会随着移动的位置自动产生相应的变化，不带有"\$"号的列标或行号的部分会随着移动的位置而自动产生相应的变化。

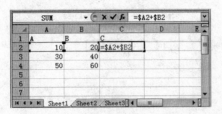

图 9-3-5

例如，在如图9-3-5所示的工作表中，C2 单元格中的公式是"=$A2+$B2"。

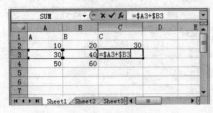

图 9-3-6

如果将 C2 单元格的公式复制或填充到 C3 单元格，则 C3 单元格的公式仍然为"=$A3+$B3"，如图 9-3-6 所示。

9.3.4 区域引用

单元格区域地址也叫单元格区域引用。区域引用常用的格式是通过如下的区域运算符将所要引用的单元格区域表示出来。

（1）冒号":"运算符。冒号":"运算符按"左上角单元格引用：右下角单元格引用"的形式表示一个矩形的单元格区域。

例如"A1:C3"，表示以 A1 为左上角，C3 为右下角的矩形区域内的全部单元格。

（2）逗号","运算符。逗号","运算符用于将指定的多个引用合并为一个引用。例如"A1:B2，C1:C2"，表示 A1:B2 和 C1:C3 两个单元格区域。

（3）空格" "运算符。空格" "运算符表示对两个引用的单元格区域的重叠部分的引用，例如"A1:C3 B2:D4"，即 B2:C3。

9.4 实例——制作产品库存表

（1）在如图 9-4-1 所示的"产品库存表.xlsx"中选择 F3 单元格，然后在编辑栏中输入等号"="，选择 C3 单元格，其地址显示在编辑栏中，并且该单元格周围出现闪烁的虚线框。

	A	B	C	D	E	F
1	产品库存表					
2	产品名称	规格	上月库存	进货数量	出货数量	本月库存
3	润滑霜	125ml	423	456	567	=C3
4	护理霜	125ml	224	767	684	
5	润肤乳	60g	235	426	324	
6	爽身液	120ml	456	743	634	
7	润肤霜	35g	784	834	653	
8	防晒霜	30g	377	363	558	
9	润唇霜	10g	843	534	742	
10	橄榄油	100ml	266	345	395	
11	爽身粉	140g	747	646	954	
12	润肤露	70g	953	645	973	
13	润肤油	50ml	262	163	254	
14	产品种类	最大出货量	上月总库存量	进货总量	出货总量	平均出货量

图 9-4-1

（2）在编辑栏中按"Shift+="组合键输入加号"+"，该符号同时显示在编辑栏和当前单元格中，选择 D3 单元格，系统自动在编辑栏中输入该单元格的地址，在编辑栏中输入一个减号，然后再选择 E3 单元格，如图 9-4-2 所示。

	A	B	C	D	E	F
1				产品库存表		
2	产品名称	规格	上月库存	进货数量	出货数量	本月库存
3	润滑霜	125ml	423	456	567	=C3+D3-E3
4	护理霜	125ml	224	767	684	
5	润肤乳	60g	235	426	324	
6	爽身液	120ml	456	743	634	
7	润肤霜	35g	784	834	653	
8	防晒露	30g	377	363	558	
9	润唇露	10g	843	534	742	
10	橄榄油	100ml	266	345	395	
11	爽身粉	140g	747	646	954	
12	润肤露	70g	953	645	973	
13	润肤油	150ml	262	163	254	
14	产品种类	最大出货量	上月总库存量	进货总量	出货总量	平均出货量

图 9-4-2

（3）按 Enter 键计算出润滑霜本月库存，并显示在 F3 单元格中，将 F3 中的公式复制到 F4:F13 单元格区域中，计算出其他产品的本月库存。

（4）选择 A15 单元格，在编辑栏中输入"=COUNT(C3:C13)"，按 Enter 键得出产品种类数，如图 9-4-3 所示。

A15		fx	=COUNT(C3:C13)			
	A	B	C	D	E	F
1				产品库存表		
2	产品名称	规格	上月库存	进货数量	出货数量	本月库存
3	润滑霜	125ml	423	456	567	312
4	护理霜	125ml	224	767	684	307
5	润肤乳	60g	235	426	324	337
6	爽身液	120ml	456	743	634	565
7	润肤霜	35g	784	834	653	965
8	防晒露	30g	377	363	558	182
9	润唇露	10g	843	534	742	635
10	橄榄油	100ml	266	345	395	216
11	爽身粉	140g	747	646	954	439
12	润肤露	70g	953	645	973	625
13	润肤油	150ml	262	163	254	171
14	产品种类	最大出货量	上月总库存量	进货总量	出货总量	平均出货量
15	11					

图 9-4-3

（5）选择 B15 单元格，在编辑栏中输入"=MAX(E3:E13)"，按 Enter 键得到最大出货量，如图 9-4-4 所示。

B15		fx	=MAX(E3:E13)			
	A	B	C	D	E	F
1				产品库存表		
2	产品名称	规格	上月库存	进货数量	出货数量	本月库存
3	润滑霜	125ml	423	456	567	312
4	护理霜	125ml	224	767	684	307
5	润肤乳	60g	235	426	324	337
6	爽身液	120ml	456	743	634	565
7	润肤霜	35g	784	834	653	965
8	防晒露	30g	377	363	558	182
9	润唇露	10g	843	534	742	635
10	橄榄油	100ml	266	345	395	216
11	爽身粉	140g	747	646	954	439
12	润肤露	70g	953	645	973	625
13	润肤油	150ml	262	163	254	171
14	产品种类	最大出货量	上月总库存量	进货总量	出货总量	平均出货量
15	11	973				

图 9-4-4

（6）选择 C15 单元格，在编辑栏中输入"=SUM(C3：C13)"，按 Enter 键得到上月总库存量，以相同的方法计算进货总量与出货总量，如图 9-4-5 所示。

	A	B	C	D	E	F
2	产品名称	规格	上月库存	进货数量	出货数量	本月库存
3	润滑霜	125ml	423	456	567	312
4	护理霜	125ml	224	767	684	307
5	润肤乳	60g	235	426	324	337
6	爽身液	120ml	456	743	634	565
7	润肤霜	35g	784	834	653	965
8	防晒露	30g	377	363	558	182
9	润唇露	10g	843	534	742	635
10	橄榄油	100ml	266	345	395	216
11	爽身粉	140g	747	646	954	439
12	润肤露	70g	953	645	973	625
13	润肤油	150ml	262	163	254	171
14	产品种类	最大出货量	上月总库存量	进货总量	出货总量	平均出货量
15	11	973	5570	5922	6738	

图 9-4-5

（7）选择 F15 单元格，然后单击编辑栏中的"插入函数"按钮，在打开的"插入函数"对话框的"选择函数"列表框中选择"AVERAGE"选项，然后单击"确定"按钮，如图 9-4-6 所示。

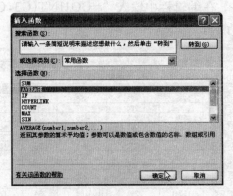

图 9-4-6

（8）在打开的"函数参数"对话框中的"Number1"参数框后单击█按钮，如图 9-4-7 所示。

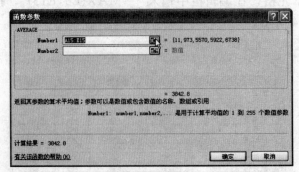

图 9-4-7

（9）在工作表中选择 F3：F13 单元格区域，然后在编辑面板中单击█按钮，返回到"函数参数"对话框中，单击"确定"按钮，返回到工作表中，在 F15 单元格中可看到使用 AVERAGE 函数计算出了平均出货量，如图 9-4-8 所示。

	F15	▼	fx	=AVERAGE(F3:F13)	
	A	B	C	D	E	F
2	产品名称	规格	上月库存	进货数量	出货数量	本月库存
3	润滑霜	125ml	423	456	567	312
4	护理霜	125ml	224	767	684	307
5	润肤乳	60g	235	426	324	337
6	爽身液	120ml	456	743	634	565
7	润肤霜	35g	784	834	653	965
8	防晒露	30g	377	363	558	182
9	润唇露	10g	843	534	742	635
10	橄榄油	100ml	266	345	395	216
11	爽身粉	140g	747	646	954	439
12	润肤露	70g	953	645	973	625
13	润肤油	150ml	262	163	254	171
14	产品种类	最大出货量	上月总库存量	进货总量	出货总量	平均出货量
15	11	973	5570	5922	6738	432.181818

图 9-4-8

9.5　小　结

本章主要讲解了公式与函数的应用，包括公式的概念、公式的使用、函数的概念、函数的使用、单元格的引用等，通过本章的学习，用户应能轻松地计算复杂的数据并有序地管理好各种数据信息。

9.6　习　题

填空题

（1）数据型常量可以是_____、_____、_____、_____和货币符号。

（2）文本型常量是_____的若干字符，但其中不能包含_____。

（3）逻辑常量只有_____和_____这两个值，分别表示真和假。

（4）运算符根据参与运算数据的个数分为_____运算符和_____运算符。

（5）运算符根据参与运算的性质分为_____、_____和文字连接符 3 类。

（6）在 Excel 中，每个函数由一个_____和相应的_____组成，参数位于函数名的右侧并用括号括起来。

（7）函数的返回值有多种类型，可以是_____，也可以是_____和_____等其他类型。

（8）AVERAGE 函数用来_____。

（9）在 Excel 中，根据单元格的不同引用方式，可以分为_____、_____和_____3 种类型。

简答题

（1）输入公式需要注意哪些规则？

（2）各种类型数据的比较有哪些规则？

（3）说出字典顺序的比较规则？

（4）简述如何显示和删除公式？

操作题

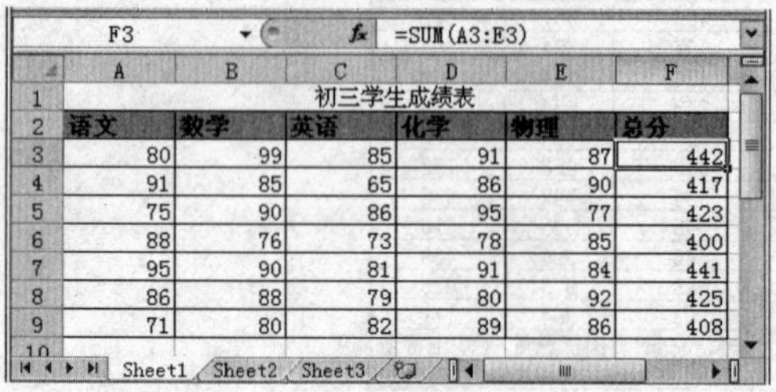

F3			fx	=SUM(A3:E3)		
	A	B	C	D	E	F
1	初三学生成绩表					
2	语文	数学	英语	化学	物理	总分
3	80	99	85	91	87	442
4	91	85	65	86	90	417
5	75	90	86	95	77	423
6	88	76	73	78	85	400
7	95	90	81	91	84	441
8	86	88	79	80	92	425
9	71	80	82	89	86	408
10	Sheet1 Sheet2 Sheet3					

制作"学生成绩表",最终效果如图9-6-1所示。

图9-6-1

操作提示:

①在G3单元格中输入公式"=B3+C3+D3+E3+F3",计算出第一位学生的总成绩。

②使用复制公式的方法计算出其他学生的总成绩。

③在G3单元格中插入函数"=SUM(B3:F3)"计算出第一位学生的总成绩,再复制函数计算出其他学生的总成绩。

第10章 Excel 2010的数据管理

本章学习目标：
- 📁 数据清单
- 📁 数据排序
- 📁 筛选排序
- 📁 分类汇总

10.1 数 据 清 单

数据清单是指包含一组相关数据的一系列工作表数据行。Excel 2010在对数据清单进行管理时，一般把数据清单看作是一个数据库。数据清单中的行相当于数据库中的记录，行标题相当于记录名。数据清单中的列相当于数据库的字段，列标题相当于数据库中的字段名。

Excel 2010提供了一系列功能，可以很方便地管理和分析数据清单中的数据。在运用这些功能时，请遵循下述准则在数据清单中输入数据。

1.数据清单的大小和位置

在规定数据清单大小及定义数据清单位置时，应遵循如下准则：

（1）应避免在一张工作表上建立多个数据清单，因为数据清单的某些处理功能（如筛选等）一次只能在同一工作表的一个数据清单中使用。

（2）在工作表的数据清单与其他数据间至少留出一个空白列和一个空白行。在执行排序、筛选或插入自动汇总等操作时，留出空白列和空白行有利于Excel 2010检测和选定数据清单。

（3）避免在数据清单中放置空白行和列。

（4）避免将关键数据放在数据清单的左右两侧，因为这些数据在筛选数据清单时可能会被隐藏。

2.列标志

在工作表上创建数据清单时，使用列标志应注意的事项如下：

（1）在数据清单的第一行里创建列标志。Excel 2010使用这些标志创建报告，并查找和组织数据。

（2）列标志使用的字体、对齐方式、格式、图案、边框或大小写样式，应当与数据清单中其他数据的格式相区别。

（3）如果要将列标志和其他数据分开，应使用单元格边框（而不是空格或短划线），在列标志行下插入一行直线。

3.行和列内容

在工作表中创建数据清单时，输入行和列内容应该注意如下事项：

（1）在设计数据清单时，应使同一列中的各行有近似的数据项。

（2）在单元格的开始处不要插入多余的空格，因为多余的空格影响排序和查找。

（3）不要使用空白行将列标志和第一行数据分开。

10.2　对数据进行排序

在Excel中对数据进行排序的方法很多也很方便，用户可以对一列或一行进行排序，也可以设置多个条件来排序，还可以自己输入序列进行自定义排序。

10.2.1　简单的升序与降序

在Excel工作表中，如果只按某个字段进行排序，那么这种排序方式就是单列排序，可以使用选项组中的"升序"和"降序"按钮来实现。下面以降序排序"销售量"为例介绍使用选项组按钮进行排序的方法。

	A	B	C	D	E	F
1				销售记录表		
2	序号	商品	销售量	销售额	销售点	销售员
3	1	液晶电视	12	￥67,200.00	一分店	哲哲
4	2	立式空调	14	￥50,120.00	一分店	哲哲
5	3	洗衣机	12	￥22,752.00	二分店	黄黄
6	4	电冰箱	26	￥63,700.00	二分店	黄黄
7	5	风扇	25	￥25,625.00	三分店	风风
8	6	液晶电视	41	￥229,600.00	三分店	风风
9	7	洗衣机	12	￥22,752.00	四分店	星星
10	8	电冰箱	45	￥110,250.00	四分店	星星
11	9	洗衣机	23	￥43,608.00	一分店	平平
12	10	液晶电视	15	￥84,000.00	一分店	平平
13	11	立式空调	12	￥42,960.00	二分店	黄黄
14	12	风扇	41	￥42,025.00	三分店	风风
15	13	风扇	15	￥15,375.00	三分店	飞飞
16	14	电冰箱	33	￥80,850.00	三分店	明明
17	15	立式空调	11	￥39,380.00	三分店	明明

图10-2-1

（1）打开"销售记录表.xlsx"，单击"销售量"字段列中的任意单元格，如图10-2-1所示。

图10-2-2

（2）切换至"数据"选项卡下，在"排序和筛选"选项组中单击"降序"按钮，如图10-2-2所示。

	A	B	C	D	E	F
1				销售记录表		
2	序号	商品	销售量	销售额	销售点	销售员
3	8	电冰箱	45	￥110,250.00	四分店	星星
4	6	液晶电视	41	￥229,600.00	三分店	风风
5	12	风扇	41	￥42,025.00	三分店	风风
6	14	电冰箱	33	￥80,850.00	三分店	明明
7	4	电冰箱	26	￥63,700.00	二分店	黄黄
8	5	风扇	25	￥25,625.00	三分店	风风
9	9	洗衣机	23	￥43,608.00	一分店	平平
10	10	液晶电视	15	￥84,000.00	一分店	平平
11	13	风扇	15	￥15,375.00	三分店	飞飞
12	2	立式空调	14	￥50,120.00	一分店	哲哲
13	1	液晶电视	12	￥67,200.00	一分店	哲哲
14	3	洗衣机	12	￥22,752.00	二分店	黄黄
15	7	洗衣机	12	￥22,752.00	四分店	星星
16	11	立式空调	12	￥42,960.00	二分店	黄黄
17	15	立式空调	11	￥39,380.00	三分店	明明

图10-2-3

（3）此时数据按照"销售量"字段数据进行降序排列，如图10-2-3所示。

10.2.2　根据条件进行排序

如果希望按照多个条件进行排序，以便获得更加精确的排序结果，可以使用多列排序，也就是按多个条件进行排序。下面将按商品升序并按销售量降序对表格中的数据进行排列。

（1）打开"销售记录表2.xlsx"，在"数据"选项卡下单击"排序和筛选"选项组中的"排序"按钮，如图10-2-4所示。

图 10-2-4

（2）弹出"排序"对话框，单击"主要关键字"下拉列表右侧的下三角按钮，在展开的下拉列表中单击"商品"选项，如图10-2-5所示。

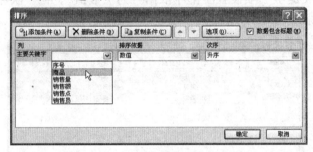

图 10-2-5

（3）单击"排序依据"下拉列表右侧的下三角按钮，在展开的下拉列表中单击"数值"选项，如图10-2-6所示。

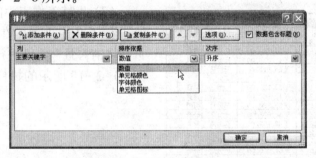

图 10-2-6

（4）完成主要关键字的设置后单击"添加条件"按钮，如图10-2-7所示，添加次要关键字项。

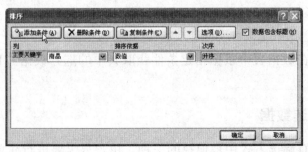

图 10-2-7

（5）单击"次要关键字"下拉列表右侧的下三角按钮，在下拉列表中单击"销售量"选项，如图10-2-8所示。

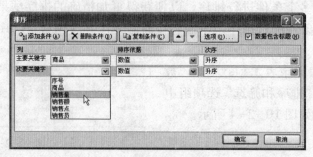

图10-2-8

（6）为"次要关键字"项设置"排序依据"为"数值"，在"次序"下拉列表中选择"降序"选项，如图10-2-9所示。

图10-2-9

	A	B	C	D	E	F
1				销售记录表		
2	序号	商品	销售量	销售额	销售点	销售员
3	8	电冰箱	45	¥110,250.00	四分店	星星
4	14	电冰箱	33	¥80,850.00	三分店	明明
5	4	电冰箱	26	¥63,700.00	二分店	黄黄
6	12	风扇	41	¥42,025.00	三分店	风风
7	5	风扇	25	¥25,625.00	三分店	风风
8	13	风扇	15	¥15,375.00	二分店	飞飞
9	2	立式空调	14	¥50,120.00	一分店	哲哲
10	11	立式空调	12	¥42,960.00	二分店	黄黄
11	15	立式空调	11	¥39,380.00	三分店	明明
12	9	洗衣机	23	¥43,608.00	一分店	平平
13	3	洗衣机	12	¥22,752.00	二分店	黄黄
14	7	洗衣机	12	¥22,752.00	四分店	星星
15	6	液晶电视	41	¥229,600.00	三分店	风风
16	10	液晶电视	15	¥84,000.00	一分店	平平
17	1	液晶电视	12	¥67,200.00	一分店	哲哲

图10-2-10

（7）此时工作表中的数据按"商品"字段进行了升序排列，在商品相同的情况下再按"销售量"字段进行降序排列，得到如图10-2-10所示的排序结果。

10.3 筛 选 数 据

筛选数据是指在数据表中根据指定条件获取其中的部分数据。Excel中提供了多种筛选数据的方法。

10.3.1 自动筛选数据

自动筛选是所有筛选方式中最便捷的一种，用户只需要进行简单的操作即可筛选出所需要的数据。

（1）打开"销售记录表3.xlsx"，在"数据"选项卡下单击"排序和筛选"选项组中的"筛选"按钮，如图 10-3-1 所示。

图 10-3-1

（2）此时各字段名称右侧添加了下三角按钮，单击"商品"右侧的下三角按钮，在展开的下拉列表中勾选"电冰箱"复选框，取消其他复选框的勾选，如图 10-3-2 所示，单击"确定"按钮。

图 10-3-2

（3）此时工作表中只显示"商品"为"电冰箱"的销售记录，如图 10-3-3 所示。

图 10-3-3

10.3.2　高级筛选

高级筛选一般用于比较复杂的数据筛选，如多字段多条件筛选。在使用高级筛选功能对数据进行筛选前，需要先创建筛选条件区域，该条件区域的字段必须为现有工作表中已有的字段。

在 Excel 中，用户可以在工作表中输入新的筛选条件，并将其与表格的基本数据分隔开，即输入的筛选条件与基本数据间至少保持一个空行或一个空列的距离。建立多行条件区域时，行与行之间的条件是"或"的关系，而同一行的多个条件之间则是"与"的关系。本例需要筛选出立式空调在销售额为 80000 万以上的销售记录。

（1）打开"销售记录表4.xlsx"，在数据区域下方创建如图 10-3-4 所示的条件区域。

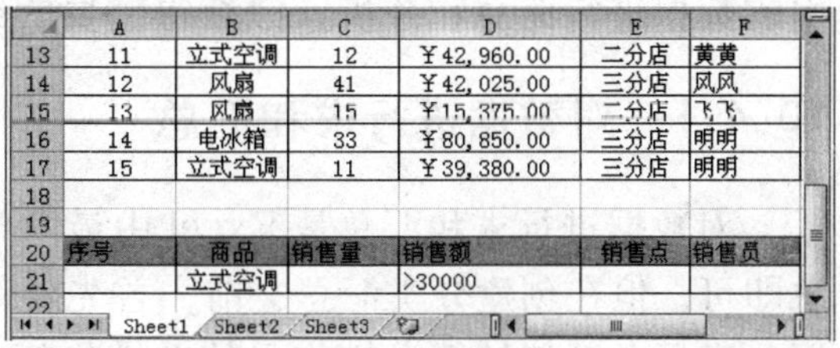

图 10-3-4

图 10-3-5

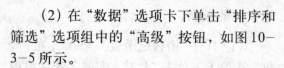

（2）在"数据"选项卡下单击"排序和筛选"选项组中的"高级"按钮，如图10-3-5所示。

图 10-3-6

（3）弹出"高级筛选"对话框，在"方式"选项组中单击"在原有区域显示筛选结果"单选按钮，然后单击"列表区域"数据框右侧的 按钮，如图10-3-6所示。

图 10-3-7

（4）返回工作表中选中列表区域A2:F17，单击 按钮，如图10-3-7所示。

图 10-3-8

（5）使用相同的方法将"条件区域"设置为"Sheet1!$A$19:$F$20"，如图10-3-8所示，设置完成后单击"确定"按钮。

图 10-3-9

（6）此时在工作表原列表区域位置筛选出了符合条件的数据记录，如图10-3-9所示。

10.4 对数据进行分类汇总

分类汇总是指根据指定类别将数据以指定方式进行统计，这样可以快速对大型表格中的数据进行汇总和分析，以获得需要的统计数据。

10.4.1 对数据进行求和汇总

对数据进行求和汇总是 Excel 中最简单方便的汇总方式，只需要为数据创建分类汇总即可。但在创建分类汇总之前，首先要对需要汇总的数据项进行排序。在本例中将使用分类汇总功能计算各销售员的总销售额。

（1）打开"销售记录表5.xlsx"，单击"销售员"字段列的任意单元格，在"排序和筛选"选项组中单击"降序"按钮，如图10-4-1所示。

图10-4-1

（2）此时工作表中的数据按"销售员"字段进行降序排列，如图10-4-2所示。

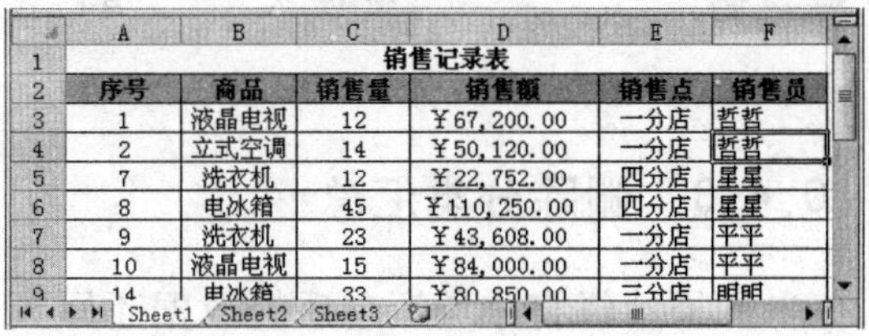

图10-4-2

（3）接着在"分级显示"选项组中单击"分类汇总"按钮，如图10-4-3所示。

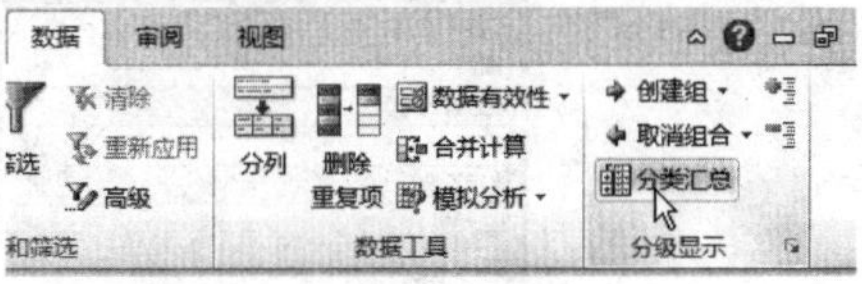

图10-4-3

（4）弹出"分类汇总"对话框，设置"分类字段"为"销售员"、"汇总方式"为"求和"，在"选定汇总项"列表框中勾选"销售额"复选框，如图10-4-4所示，单击"确定"按钮。

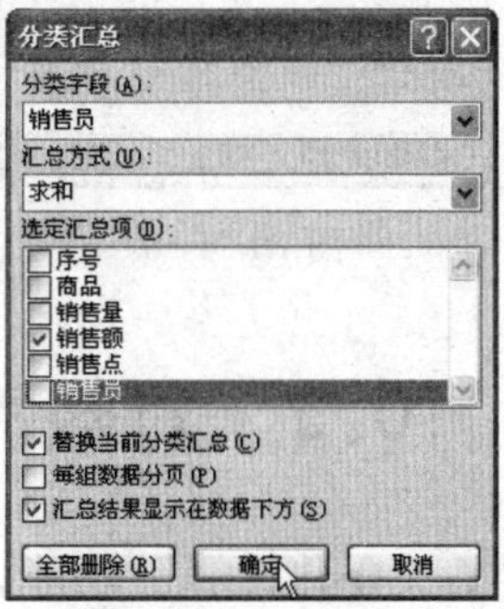

图10-4-4

（5）此时工作表中的数据按"销售员"字段对"销售额"数据进行了汇总，得到如图10-4-5所示的汇总结果。

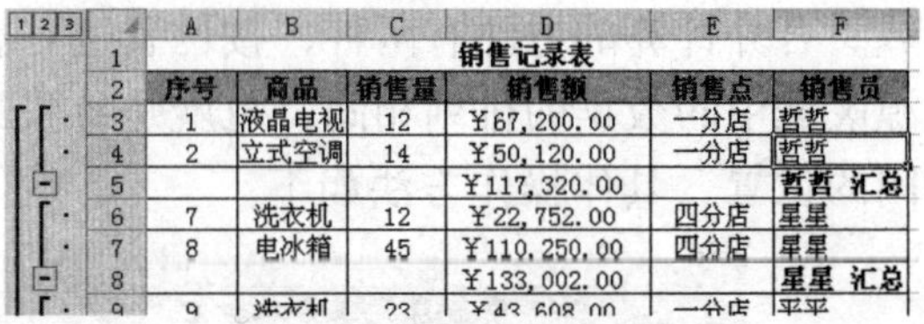

图10-4-5

10.4.2 分级显示数据

创建分类汇总数据后，可以通过单击工作表左侧分级显示列表中的级别按钮、折叠按钮或展开按钮来快速显示与隐藏相应级别的数据。下面介绍如何显示分类汇总数据中的2级数据、隐藏具体的明细数据。

（1）在分类汇总后的数据工作表中单击左侧分组显示列表中的2级按钮，如图10-4-6所示。

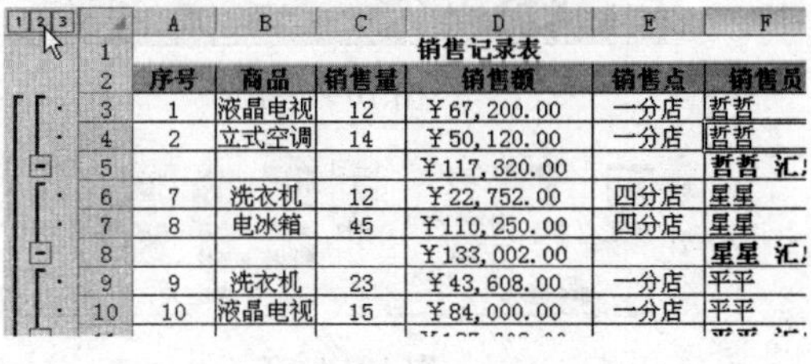

图10-4-6

图 10-4-7

（2）此时工作表中的明细数据被隐藏，只显示各员工的销售额总和，如图 10-4-7 所示。

10.4.3　删除分类汇总

如果希望将分类汇总后的数据还原到分类汇总前的原始状态，可以删除分类汇总。

单击分类汇总数据区域中的任意单元格，然后在"数据"选项卡的"分级显示"选项组中单击"分类汇总"按钮。

弹出"分类汇总"对话框，直接单击"全部删除"按钮，如图 10-4-8 所示，即可完成分类汇总数据的删除。

图 10-4-8

10.5　对数据进行合并计算

在 Excel 中提供了"合并计算"功能，可以对多张工作表中的数据同时进行计算汇总。在合并计算中，计算结果的工作表称为目标工作表，接受合并数据的区域称为源区域。合并计算的方法有两种，按位置进行合并计算是常用的合并计算方法，它要求所有源区域中的数据的排列相同，也就是每张工作表中的每一条记录名称和字段名称都在相同的位置，具体操作方法如下。

图 10-5-1

（1）打开"电器销售统计表.xlsx"，在"总计"工作表中选择显示计算结果的单元格区域，如图 10-5-1 所示。

图 10-5-2

（2）切换至"数据"选项卡在"数据工具"选项组中单击"合并计算"按钮，如图 10-5-2 所示。

（3）弹出"合并计算"对话框，在"函数"下拉列表中选择"求和"选项，在"引用位置"数值框中输入合并计算引用位置，如输入"第一分店!$C$3:$E$14"，如图10-5-3所示，单击"添加"按钮即可将其添加至"所有引用位置"列表框中。

图 10-5-3

（4）使用相同的方法添加合并计算时引用的其他工作表中的单元格区域地址，如图10-5-4所示，设置完成后单击"确定"按钮。

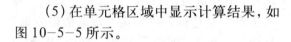

图 10-5-4

（5）在单元格区域中显示计算结果，如图10-5-5所示。

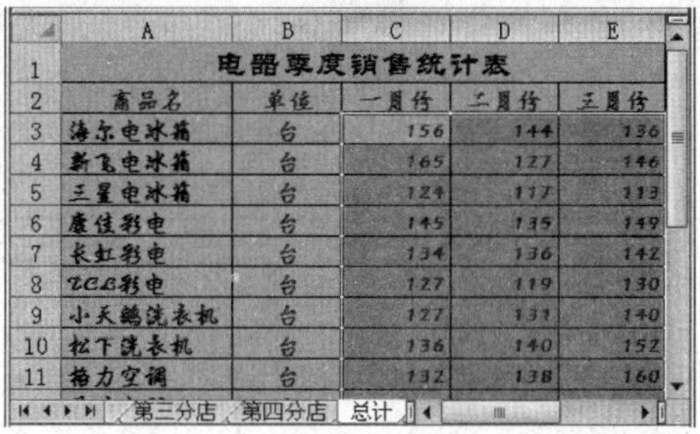

图 10-5-5

10.6　实例——管理"员工工资表"

（1）打开"员工工资表.xlsx"，选择A2:G13单元格区域，单击"数据"选项卡"排序和筛选"组中的"排序"按钮，如图10-6-1所示。

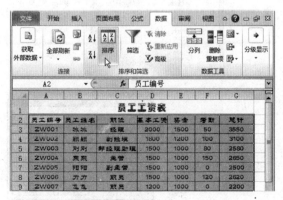

图 10-6-1

（2）打开"排序"对话框，在"列"栏中的"主要关键字"下拉列表框中选择"职位"选项,在"排序依据"下拉列表框中选择"数值"选项,在"次序"下拉列表框中选择"降序"选项,单击"确定"按钮,如图10-6-2所示。

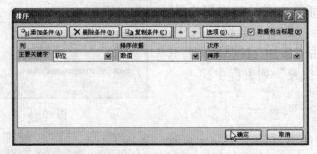

图10-6-2

(3)表格内容已按所设条件进行了排序,单击"分级显示"组中的"分类汇总"按钮。

图10-6-3

(4)打开"分类汇总"对话框,在"分类字段"下拉列表框中选择"奖金"选项,在"汇总方式"下拉列表框中选择"求和"选项,在"选定汇总项"列表框中勾选"基本工资"复选框,再勾选"每组数据分页"复选框,单击"确定"按钮,如图10-6-3所示。

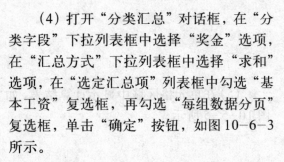

图10-6-4

(5)单击"排序与筛选→筛选"按钮,单击"总计"字段右侧的下拉按钮,在弹出的下拉菜单中选择"数字筛选/大于或等于"命令,如图10-6-4所示。

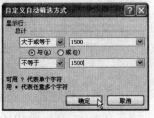

图10-6-5

(6)打开"自定义自动筛选方式"对话框,在"总计"栏的下拉列表框中选择"大于或等于"命令,在右侧的文本框中输入"1500",选中"与"单选项,在其下的下拉列表框中选择"不等于"命令,在右侧的文本框中输入"1500",单击"确定"按钮,关闭该对话框,如图10-6-5所示。

（7）在D24:E24单元格区域中分别输入"基本工资"与"奖金"，在D25:E25单元格区域中分别输入"1200"与"1000"，单击"数据"选项卡"排序和筛选"组中的"高级"按钮，如图10-6-6所示。

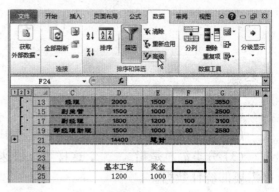

图10-6-6

（8）打开"高级筛选"对话框，在"方式"栏下选中"在原有区域显示筛选结果"单选项，单击"列表区域"参数框后的 图标。

（9）打开"高级筛选→列表区域："选择A2:G21单元格，单击"高级筛选→列表区域："参数框后的 图标，返回到"高级筛选"对话框，如图10-6-7所示。

图10-6-7

（10）单击"条件区域"参数框后的 图标，打开"高级筛选→条件区域："对话框，选择D24:E25单元格，单击"高级筛选→条件区域："参数框后的 图标，返回到"高级筛选"对话框，单击"高级筛选"对话框中的"确定"按钮，完成设置，如图10-6-8所示。

（11）筛选出"基本工资"为"1200"和"奖金"为"1000"的所有记录，如图10-6-9所示。完成本例的操作。

图10-6-8

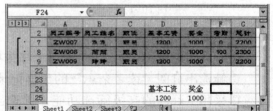

图10-6-9

10.7　小　结

本章主要讲解了Excel 2010数据的管理，包括数据的排序、筛选、分类汇总等知识，读者应重点掌握，在以后的工作中，应能方便地对表格中的数据进行管理和分析。

10.8 习题

填空题

(1) 数据清单是指_____数据行。

(2) 筛选数据是指_____。

(3) 分类汇总是指_____，这样可以快速对大型表格中的数据进行汇总和分析，以获得需要的统计数据。

(4) 在创建分类汇总之前，首先要对需要汇总的数据项进行_____。

简答题

(1) 在规定数据清单大小及定义数据清单位置时，应遵循哪几条准则？

(2) 在工作表上创建数据清单时，使用列标时应注意哪些事项？

(3) 在工作表中创建数据清单时，输入行和列内容时应该注意哪些事项？

(4) 如何删除分类汇总？

操作题

在Excel 2010中创建或打开如图10-8-1所示的工作表，然后按照下面的要求对其进行数据管理操作。

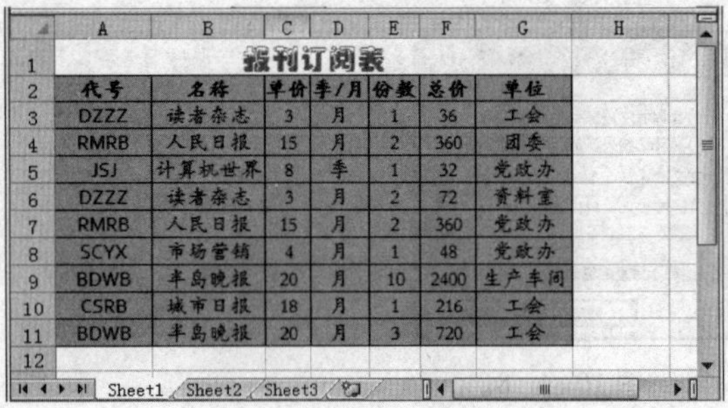

报刊订阅表

代号	名称	单价	季/月	份数	总价	单位
DZZZ	读者杂志	3	月	1	36	工会
RMRB	人民日报	15	月	2	360	团委
JSJ	计算机世界	8	季	1	32	党政办
DZZZ	读者杂志	3	月	2	72	资料室
RMRB	人民日报	15	月	2	360	党政办
SCYX	市场营销	4	月	1	48	党政办
BDWB	半岛晚报	20	月	10	2400	生产车间
CSRB	城市日报	18	月	1	216	工会
BDWB	半岛晚报	20	月	3	720	工会

图 10-8-1

操作提示：

①对订阅记录按“季/月”进行升序排序，“季/月”相同则按“份数”的降序排序。

②筛选出订阅“读者杂志”的数据记录。

③采用Excel的高级筛选功能，筛选出订阅了“半岛晚报”且人数大于2的数据记录。

④按订阅报刊的单位，对所订阅报刊的“总价”进行分类汇总求和。

第11章 Excel 2010 的图表操作

本章学习目标:
- 图表的应用
- 图表的基本组成
- 创建图表
- 修改图表
- 设置图表布局

11.1 认识图表

Excel 图表是根据工作表中的一些数据绘制出来的形象化图示,它能使数据表现得更加形象化,使数据分析更为直观。Excel 2010 提供了 11 种图表类型,每一种图表类型又可分为几个子图表类型,并且有很多二维和三维图表类型可供选择。下面简单介绍常用的几种图表类型。

1.柱形图

柱形图用于显示一段时间内数据变化或各项之间的比较情况,它主要包括簇状柱形图、堆积柱形图、百分比堆积柱形图、三维簇状柱形图、三维百分比堆积柱形图以及三维柱形图等 19 种子类型图表,图 11-1-1 所示为簇状柱形图。

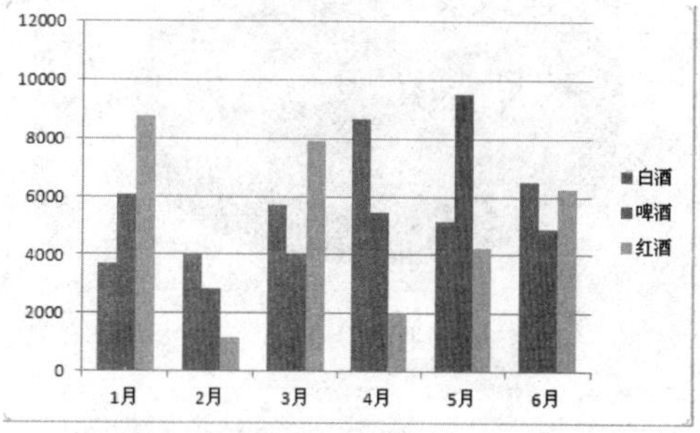

图 11-1-1

2.条形图

条形图可以看作是旋转 90 度的柱形图,是用来描绘各个项目之间数据差别情况的一种图表,它强调的是在特定的时间点上进行分类和数值的比较。条形图主要包括簇状条形图、堆积条形图、百分比堆积条形图、三维簇状条形图和三维堆积条形图等 15 种子图表类型,图 11-1-2 所示为簇状条形图。

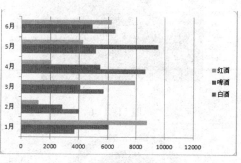

图 11-1-2

3.折线图

折线图是将同一数据系列的数据点在图中用直线连接起来,以等间隔显示数据的变化趋势。折线图主要包括折线图、堆积折线图、百分比堆积折线图、带数据标记的折线

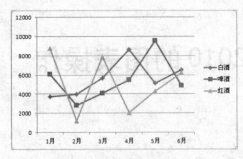

图11-1-3

图、带数据标记的堆积折线图、带数据标记的百分比堆积折线图和三维折线图 7 种子图表类型，图11-1-3所示为带数据标记的折线图。

图11-1-4

4. XY散点图

XY散点图通常用于显示两个变量之间的关系，利用散点图可以绘制函数曲线。XY散点图主要包括仅带数据标记的散点图、带平滑线和数据标记的散点图、带平滑线的散点图、带直线和数据标记的散点图和带直线的线散点图 5 种子图形类型，图11-1-4所示为带平滑线的散点图。

5. 饼图

饼图能够反映出统计数据中各项所占的百分比或是某个单项占总体的比例，使用该类图表便于查看整体与个体之间的关系。饼图主要包括饼图、三维饼图、复合饼图、分离型饼图、分离型三维饼图以及复合条饼图 6 种子图表类型，图11-1-5所示为三维饼图。

图11-1-5

6. 面积图

面积图用于显示某个时间阶段总数与数据系列的关系。面积图主要包括面积图、堆积面积图、百分比堆积面积图、三维面积图、三维堆积面积图以及三维百分比堆积面积图 6 种子图表类型，图11-1-6所示为堆积面积图。

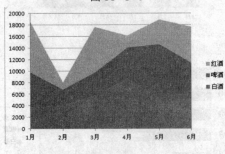

图11-1-6

7. 圆环图

圆环图用来表示数据间的比例关系，它可以包括多个数据系列。圆环图主要包括圆环图和分离型圆环图两种子图表类型，图11-1-7所示分离型圆环图。

图11-1-7

8.雷达图

雷达图用于显示数据中心点以及数据类别之间的变化趋势，也可以将覆盖的数据系列用不同的颜色显示出来。雷达图主要包括雷达图、带数据标记的雷达图和填充雷达图3种子图表类型，图11-1-8所示为带数据标记的雷达图。

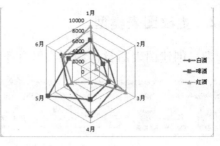

图 11-1-8

11.2 创建与更改图表

在 Excel 中创建专业外观的图表非常简单，只需要选择图表类型、图表布局和图表样式，就可以创建简单的具有专业效果的图表。本节将介绍创建图表，更改图表的类型、图表源数据及图表布局等知识。

11.2.1 创建图表

在 Excel 2010中创建图表既快速又简便，只需要选择数据区域，然后在选项组中单击需要的图表类型即可。

（1）打开"上半年月销售统计表.xlsx"，选中需要创建图表的单元格区域，如图 11-2-1 所示。

图 11-2-1

（2）切换至"插入"选项卡下，单击"图表"选项组中的"折线图"按钮，在展开的下拉列表中单击"三维折线图"图表，如图 11-2-2 所示。

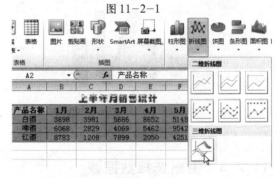

图 11-2-2

（3）此时在工作表中根据选定的数据创建了与其对应的带有数据标记的折线图，如图 11-2-3 所示。

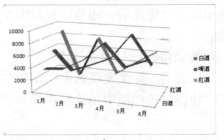

图 11-2-3

11.2.2 更改图表类型

如果在创建图表后觉得图表类型并不合适，可以更改图表类型，具体操作步骤如下：

图 11-2-4

（1）在打开的工作表中，选中需要更改图表类型的图表，在"图表工具－设计"选项卡下的"类型"组中单击"更改图表类型"按钮，如图 11-2-4 所示。

（2）弹出"更改图表类型"对话框，重新选择需要的图表类型，如单击"簇状柱形图"图标，如图 11-2-5 所示，然后单击中"确定"按钮。

图 11-2-5

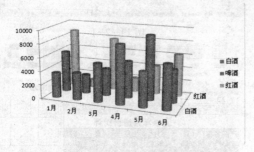

图 11-2-6

（3）此时选中的图表更改为簇状柱形图效果，得到如图 11-2-6 所示的图表效果。

11.2.3 重新选择数据源

在图表创建完成后，还可以根据需要向图表中添加新的数据或者交换图表中的行与列数据。

1.切换表格的行与列

创建图表后，如果发现图表中图例与分类轴的位置颠倒，可以对其进行调整，这只需要在"数据"选项组中单击"切换行／列"按钮即可。

（1）在打开的工作表中选中需要切换行与列的图表，如图11-2-7所示。

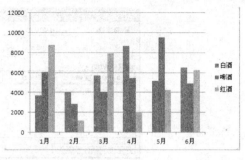

图11-2-7

（2）在"图表工作－设计"选项卡下单击"数据"选项组中的"切换行／列"按钮，如图11-2-8所示。

图11-2-8

（3）此时选中的图表图例与分类轴进行了交换，得到如图11-2-9所示的图表效果。

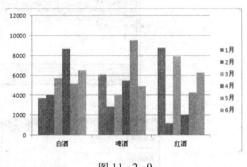

图11-2-9

2．更改图表引用的数据

如果用户需要在图表中新增数据，可以通过"选择数据源"对话框为图表重新选择数据或只添加新增加的数据系列，在该对话框中还可以调整图表中数据系列之间的排列顺序等。

（1）在打开的工作表中现有数据区域的下方添加一行产品销售记录，如图11-2-10所示。

图11-2-10

（2）选中图表，在"图表工具－设计"选项卡下单击"数据"选项组中的"选择数据"按钮，如图11-2-11所示。

图11-2-11

（3）弹出"选择数据源"对话框，为了使图表按时间走向分析数据，单击"切换行／列"按钮，如图11-2-12所示。

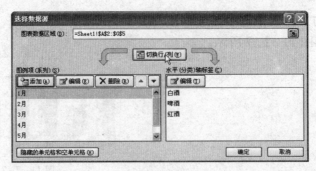

图 11-2-12

（4）在"图例项（系列）"列表框中单击"添加"按钮，如图 11-2-13 所示。

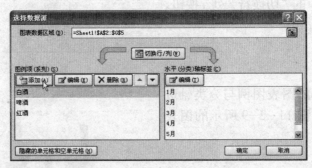

图 11-2-13

图 11-2-14

（5）弹出"编辑数据系列"对话框，在"系列名称"数值框中输入"=Sheet1!$A$6"，在"系列值"数值框中输入"=Sheet1!$B$6:$G$6"，如图 11-2-14 所示，单击"确定"按钮。

（6）返回"选择数据源"对话框，在"水平（分类）轴标签"列表框中单击"编辑"按钮，如图 11-2-15 所示。

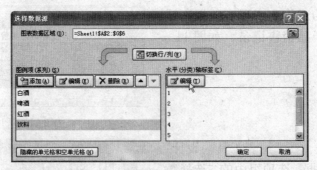

图 11-2-15

图 11-2-16

（7）弹出"轴标签"对话框，在"轴标签区域"数值框中输入"=Sheet1!$B$2:$G$2"后单击"确定"按钮，如图 11-2-16 所示。

（8）此时图表中新增了数据系列，如图11-2-17所示。

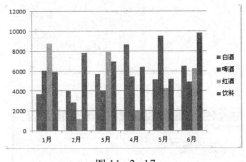

图11-2-17

11.2.4 更改图表布局

一个图表包含多个组成部分，默认创建的图表只包含其中的几项，如数据系列、分类轴、数值轴、图例，而不包含图表标题、坐标轴标题等图表元素。如果希望图表包含更多的信息，更加美观，可以使用预设的图表布局快速更改图表的布局。

（1）如果需要更改图表布局，选中需要更改图表布局的图表，在"图表工具－设计"选项卡的"图表布局"选项组中单击快翻按钮，如图11-2-18所示。

图11-2-18

（2）展开图表布局库，选择需要的布局样式，如单击"布局4"选项，如图11-2-19所示。

图11-2-19

（3）此时选中的图表更改为指定的图表布局，如图11-2-20所示。

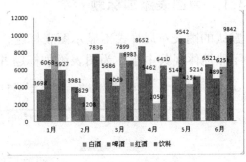

图11-2-20

11.2.5 移动图表位置

在Excel中，创建的图表会默认将其作为一个对象添加在当前工作表中，用户可以将创建好的图表移至图表工作表中或其他工作表中。

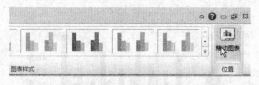

图 11-2-21

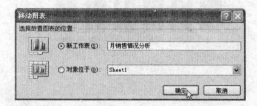

图 11-2-22

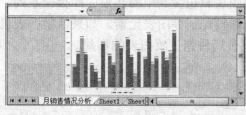

图 11-2-23

（1）在打开的工作簿中单击需要移动位置的图表，在"图表工具－设计"选项卡下单击"位置"选项组中的"移动图表"按钮，如图 11-2-21 所示。

（2）弹出"移动图表"对话框，单击"新工作表"单选按钮，并在文本框中输入工作表名称，如图 11-2-22 所示，单击"确定"按钮。

（3）此时选中图表移动至"月销售情况分析"图表工作表中，如图 11-2-23 所示。

11.3　为图表添加标签

在 Excel 中，除了可以使用预定义的图表布局更改图表元素的布局，还可以根据实际需要自行更改图表元素的位置，如在图表中添加图表标题并设置其格式、显示与设置坐标轴标题、调整图例位置、显示数据标签等，从而使图表表现的数据更清晰。

11.3.1　为图表添加标题

默认的图表布局样式不显示图表标题，用户可以根据需要为图表添加标题，使图表一目了然地体现其主题。为图表添加标题并设置格式的操作如下。

图 11-3-1

（1）打开"上半年月销售统计表 2.xlsx"，选中需要添加标题的图表，在"图表工具－布局"选项卡中单击"标签"选项组中的"图表标题"按钮，在展开的下拉列表中单击"居中覆盖标题"选项，如图 11-3-1 所示。

（2）此时在图表上方添加了图表标题文本框，在其中输入图表标题文本，单击图表外的任意位置，得到如图11-3-2所示的图表标题效果。

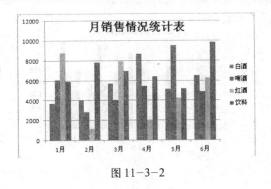

图 11-3-2

11.3.2 显示与设置坐标轴标题

为了使图表水平和垂直坐标的内容更加明确，还可以为图表的坐标轴添加标题。坐标轴标题分为水平（分类）坐标轴和垂直（数值）坐标轴，用户可以根据需要分别为其添加坐标轴标题。

（1）选中需要添加坐标轴标题的图表，在"图表工具－布局"选项卡中单击"标签"选项组中的"坐标轴标题"按钮，在展开的下拉列表中指向"主要横坐标轴标题"选项，在级联列表中单击"坐标轴下方标题"选项，如图11-3-3所示。

图 11-3-3

（2）此时，在图表下方添加了坐标轴标题文本框，在其中输入标题文本，得到如图11-3-4所示的横坐标轴标题效果。

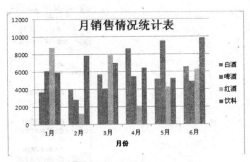

图 11-3-4

（3）再次单击"坐标轴标题"按钮，展开下拉列表后指向"主要纵坐标轴标题"选项，在级联列表中单击"竖排标题"选项，如图11-3-5所示。

图 11-3-5

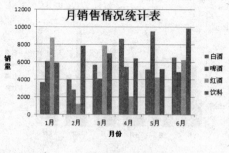

图 11-3-6

（4）此时在图表纵坐标轴左侧添加了标题文本框，在其中输入标题文本，得到如图 11-3-6 所示的纵坐标轴标题效果。

11.3.3 显示与设置图例

图例是用于体现数据系列表中现有的数据项名称的标识。默认情况下，创建的图表都显示图例且显示在图表的右侧。用户可根据需要调整图例显示的位置，也可隐藏图例。

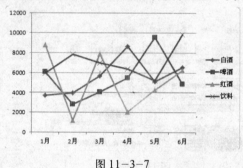

图 11-3-7

（1）打开"上半年月销售统计表 4.xlsx"，选中需要调整图例位置的图表，如图 11-3-7 所示。

图 11-3-8

（2）在"图表工具-布局"选项卡下单击"标签"选项组中的"图例"按钮，在展开的下拉列表中单击"在底部显示图例"选项，如图 11-3-8 所示。

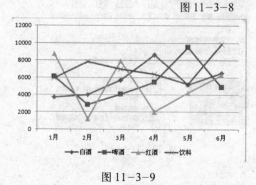

图 11-3-9

（3）此时选中图表中的图例显示在图表下方，如图 11-3-9 所示。

11.3.4 显示数据标签

数据标签是用于解释说明数据系列上的数据标记的。在数据系列上显示数据标签，可以明确地显示出数据点值、百分比值、系列名称或类别名称。

（1）选中图表，在"图表工具－布局"选项卡中单击"标签"选项组中的"数据标签"按钮，在展开的下拉列表中单击"其他数据标签选项"选项，如图11－3－10所示。

图11－3－10

（2）弹出"设置数据标签格式"对话框，在"标签选项"选项面板的"标签包括"选项组中勾选"类别名称"和"值"复选框，如图11－3－11所示。

（3）在"标签位置"选项组中单击"居中"单选按钮，如图11－3－12所示，设置完成后单击"关闭"按钮，关闭对话框。

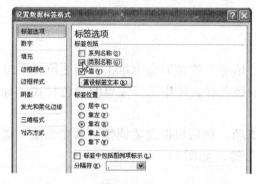

图11－3－11

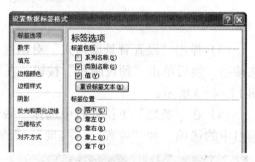

图11－3－12

（4）此时，选中图表中的数据系列显示了数据标签，包括类别名称和值，如图11－3－13所示。

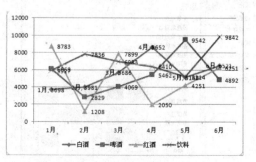

图11－3－13

11.4 设置图表背景

如果希望使用背景色或图案装饰图表，可以通过"背景"选项组中的"绘图区"、"图表背景墙"、"图表基底"、和"三维旋转"功能来设置图表背景。需要注意的是，"图表背景墙"、"图表基底"、和"三维旋转"功能在默认情况下为不可用状态，只有图表类型为三维图表时才可对其进行设置。

为了使三维图表的背景更加美观，可以为图表背景墙使用纯色、渐变色、图片或纹理进行填充，具体操作如下。

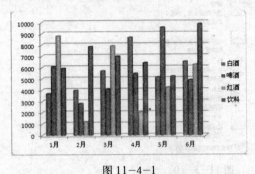

图 11-4-1

（1）打开"上半年月销售统计表.xlsx"，选中数据区域，创建如图 11-4-1 所示的三维簇状柱形图。

图 11-4-2

（2）在"图表工具-布局"选项卡下单击"背景"选项组中的"图表背景墙"按钮，在展开的下拉列表中单击"其他背景墙选项，如图 11-4-2 所示。

（3）弹出"设置背景墙格式"对话框，在"填充"选项面板中单击"渐变填充"单选按钮，然后单击"预设颜色"按钮，在展开的颜色样式库中选择需要的颜色样式，如图 11-4-3 所示。

（4）在"类型"下拉列表中选择"线性"选项，然后根据需要调整"渐变光圈"选项组中的选项，如"位置"、"亮度"、"透明度"等，如图 11-4-4 所示。

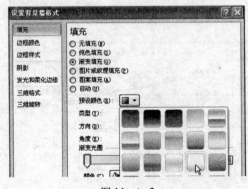

图 11-4-3

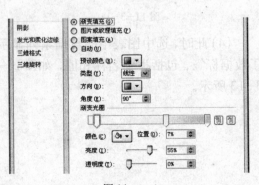

图 11-4-4

（5）此时以指定渐变颜色填充了图表的背景墙，如图11-4-5所示。

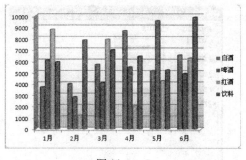

图11-4-5

11.5　美　化　图　表

对于已经完成的图表，可以设置图表中各种元素的格式来对其进行美化。在设置格式时可以直接套用预设的图表样式，也可以选择图表中的某一对象后手动设置其填充色、边框样式和形状效果等，为其添加自定义效果。

11.5.1　使用图片填充图表区

在图表中可以利用实物图照片等标识性图片填充图表区，这不仅可以使图表更加美观，具有个性化，而且还能更加明确地表现图表制作的目的。

（1）打开"上半年月销售统计表6. xlsx"，选中图表，在"图表工具-格式"选项卡下的"当前所选内容"选项组中单击"图表元素"下三角按钮，在下拉列表中单击"图表区"选项，如图11-5-1所示。

图11-5-1

（2）选中图表区后，在"形状样式"组中单击"形状填充"下三角按钮，在展开的下拉列表中单击"图片"选项，如图11-5-2所示。

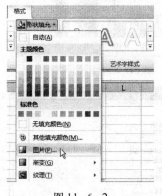

图11-5-2

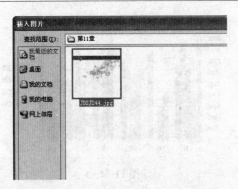

图 11-5-3

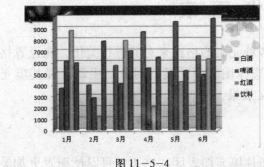

图 11-5-4

（3）弹出"插入图片"对话框，选择图片文件保存的位置，然后单击选中要填充的图片，如图11-5-3所示，单击"插入"按钮。

（4）此时，图表的图表区以指定的图片填充，得到如图11-5-4所示的图表效果。

11.5.2　使用纯色填充绘图区

除了使用图片填充图表区，还可以设置以纯色填充绘图区，使图表中的数据系列与图表区、绘图区的内容更加协调。

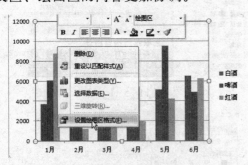

图 11-5-5

（1）单击选中图表中的绘图区并右击，在弹出的快捷菜单中单击"设置绘图区格式"选项，如图11-5-5所示。

（2）弹出"设置绘图区格式"对话框，在"填充"选项面板中单击"纯色填充"单选按钮，如图11-5-6所示。

图 11-5-6

（3）在"填充颜色"选项组中单击"颜色"按钮，在展开的颜色列表中选择需要设置颜色的图标，如图 11-5-7 所示。

图 11-5-7

（4）设置完成后单击"关闭"按钮，得到如图 11-5-8 所示的图表效果。

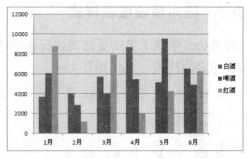

图 11-5-8

11.5.3 使用预设样式设置数据系列格式

Excel 提供了预设的形状样式，可用于设置图表区、绘图区、数据系列、图例等图表元素的形状样式及填充格式。在此介绍如何使用预设形状样式设置数据系列的格式。

（1）单击图表中需要更改格式的数据系列，如图 11-5-9 所示。

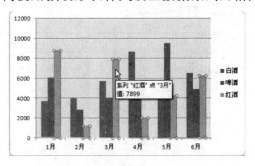

图 11-5-9

（2）切换至"图表工具-格式"选项卡下，单击"形状样式"选项组的快翻按钮，在展开的形状样式库中选择需要的形状样式，如图 11-5-10 所示。

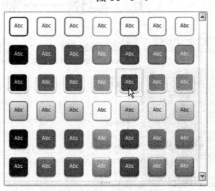

图 11-5-10

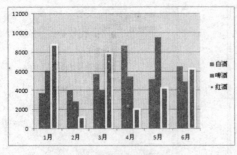

图 11-5-11

（3）此时选中的数据系列应用了指定的形状样式，使相同的方法设置其他数据系列的格式，得到如图 11-5-11 所示的图表效果。

11.5.4　应用预设图表样式

在 Excel 中除了手动更改图表元素的格式外，还可以使用预定义的图表样式快速设置图表元素的样式，具体操作如下。

图 11-5-12

（1）选中需要应用图表样式的图表，在"图表工具－设计"选项卡中单击"图表样式"组的快翻按钮，在展开的图表样式库中选择需要的图表样式，如图 11-5-12 所示。

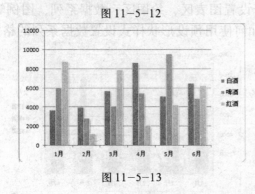

图 11-5-13

（2）经过上述操作，选中图表即应用了选定的图表样式，得到如图 11-5-13 所示的图表效果。

11.6　实例——制作冰箱销售记录图表

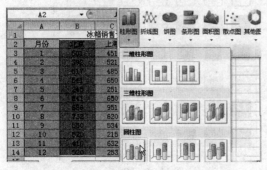

图 11-6-1

（1）打开"冰箱销售记录表.xlsx"工作簿，在工作簿中选择需要创建图表的单元格区域，选择"插入－图表"组，单击"柱形图"按钮，在弹出的下拉菜单中选择"簇状圆柱图"选项，如图 11-6-1 所示。

（2）选择样式后，即可根据选择的数据在当前的工作表中生成对应的图表，如图11-6-2所示。

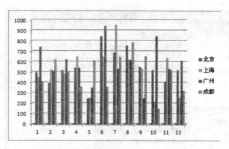

图 11-6-2

（3）选择图表，然后选择"图表工具-布局-标签"组，单击其中的"图表标题"按钮，在弹出的下拉菜单中选择"图表上方"选项，如图11-6-3所示。

图 11-6-3

（4）此时图表上方将显示"图表标题"文本框，单击后输入图表标题"冰箱销售记录表"，如图11-6-4所示。

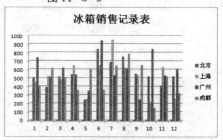

图 11-6-4

（5）选择图表标题，在出现的浮动工具栏中将标题的字体设置为"华文楷体、20"；得到的效果如图11-6-5所示。

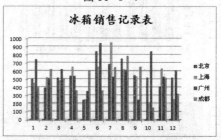

图 11-6-5

（6）选择图表标题，然后单击鼠标右键，在弹出的快捷菜单中选择"设置图表标题格式"命令，在打开的对话框的"填充"选项卡中选中"渐变填充"单选项，然后在"预设颜色"下拉列表框中选择"茵茵绿原"选项，完成后单击"关闭"按钮，如图11-6-6所示。

图 11-6-6

图 11-6-7

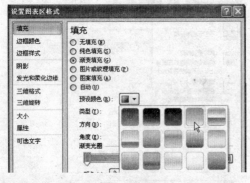

图 11-6-8

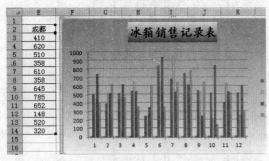

图 11-6-9

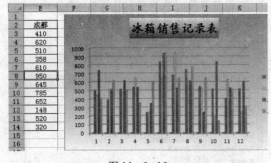

图 11-6-10

（7）在垂直轴上单击鼠标右键，在弹出的快捷菜单中选择"设置坐标轴格式"命令，在打开的对话框的"坐标轴选项"选项卡中选中"最大值"和"最小值"栏后的"固定"单选项，在其后的文本框中输入"0"和"1000"，然后在"次要刻度线类型"下拉列表框中选择"内部"选项，完成设置后单击"关闭"按钮，如图 11-6-7 所示。

（8）在图表的图表区上单击鼠标右键，在弹出的快捷菜单中选择"设置图表区域格式"命令，打开"设置图表区格式"对话框，在该对话框左侧的列表框中单击"填充"选项卡，在对话框右侧选中"渐变填充"单选项，单击"预设颜色"按钮，在弹出的下拉列表中选择"雨后初晴"渐变颜色，完成设置后单击"关闭"按钮，如图 11-6-8 所示。

（9）在工作表中将图表拖动至表格的右方，得到的效果如图 11-6-9 所示。

（10）选择 E8 单元格，将其中的数据修改为"950"，图表中相应的数据系列也发生了变化，如图 11-6-10 所示。

11.7 小 结

本章主要讲解了 Excel 2010 图表的应用，包括图表的类型及创建、图表类型的更改、图表源数据的调整、图表背景及图表元素的设置、图表美化等知识，通过本章的学习，读者应能轻松地完成各种图表的创建、编辑和修改工作，使得数据更加直观。

11.8 习 题

填空题

（1）Excel图表是_____的形象化图示，它能使数据表现得更加形象化，使数据分析更为直观。

（2）创建图表后，如果发现图表中图例与分类轴的位置颠倒，可以对其进行调整，只需要在_____选项组中单击_____按钮即可。

（3）一个图表包含多个组成部分，默认创建的图表只包含其中的几项，如_____、_____、_____、_____，而不包含图表标题、坐标轴标题等图表元素。

（4）坐标轴标题分为_____坐标轴和_____坐标轴。

（5）图例是用于_____的标识。

（6）数据标签是用于_____的数据标记的。

简答题

（1）Excel 2010中提供了哪几种图表类型？

（2）如何为图表添加标题？

（3）如何更改图表引用的数据？

（4）如何移动图表位置？

（5）如何应用预设图表样式？

操作题

（1）打开"每日营业额统计.xlsx"，如图11-8-1所示。

	A	B	C
1		每日营业额统计	
2	编号	柜台	当日营业额（元）
3	10001	女装	￥2,100.00
4	10002	男装	￥1,700.00
5	10003	运动服饰	￥1,200.00
6	10004	流行服饰	￥3,200.00
7	10005	饰品	￥370.00

图11-8-1

操作要求：

①制作"每日营业额统计"图表。

②选择"A2:C7"单元格区域，然后在该单元格区域添加"二维饼图"中的"饼图"样式。

（2）打开"图书销售业绩表.xlsx"，如图11-8-2所示。

	A	B	C	D	E
1		图书销售业绩表			
2	月份	畅销书类（元）	考试类（元）	经管类（元）	计算机类（元）
3	一月	1200	570	750	1300
4	二月	1300	1100	1100	960
5	三月	1700	4300	640	1150
6					
7					

图11-8-2

操作要求：

①选择"A2:E5"单元格区域，插入一个二维折线图图表。

②插入图表标题"图书销售业绩统计"，在图表中分别显示主要横坐标和主要纵坐标的标题。

③设置图表背景。

第12章　PowerPoint 2010基础操作

本章学习目标:

📁 添加与更改幻灯片
📁 为幻灯片添加图形
📁 视频文件的添加与编辑
📁 为幻灯片添加音频文件
📁 为幻灯片插入超链接

12.1　添加与更改幻灯片

在新建PowerPoint文件时,程序会提示用户新建一张幻灯片,当用户需要使用更多幻灯片时,可自己动手添加幻灯片,如果对新建幻灯片的版式不满意还可进行更改。

12.1.1　新建幻灯片

在PowerPoint 2010中预设了标题幻灯片、标题和内容、节标题、两栏内容等11种幻灯片版式,当用户需要新建某一版式的幻灯片时,可通过选项组中的"新建幻灯片"按钮来完成。

(1)新建一个PowerPoint文件,单击"开始"选项卡下"幻灯片"选项组中"新建幻灯片"的下三角按钮,在展开的幻灯片版式库中单击"两栏内容"图标,如图12-1-1所示。

图12-1-1

(2)经过以上操作,就完成了新建不同版式幻灯片的操作,如图12-1-2所示。

图12-1-2

12.1.2 更改幻灯片版式

当 PowerPoint 演示文稿中已添加了幻灯片，但是用户需要使用另一种版式的幻灯片时，可直接对幻灯片的版式进行更改。

（1）打开"更改幻灯片版式.pptx"，在"幻灯片"窗格中选中需要更改版式的幻灯片，单击"开始"选项卡下"幻灯片"选项组中的"版式"按钮，在展开的幻灯片版式库中单击"比较"图标，如图 12-1-3 所示。

图 12-1-3

（2）经过以上操作，就完成了更改幻灯片版式的操作，如图 12-1-4 所示。

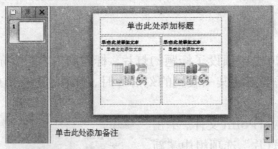

图 12-1-4

12.1.3 移动与复制幻灯片

移动幻灯片可对幻灯片的位置进行更改，复制幻灯片可以为演示文稿添加一张同样的幻灯片，其具体操作方法如下：

1.移动幻灯片

移动幻灯片就是将幻灯片变换位置，移动幻灯片时最快捷的方法就是使用鼠标进行拖动，具体操作如下。

（1）打开"移动与复制幻灯片.pptx"，选中需要移动位置的第4张幻灯片，然后将其向第2张幻灯片下方拖动，如图 12-1-5 所示。

图 12-1-5

（2）将幻灯片移动到目标位置后释放鼠标左键，这样即可完成幻灯片的移动操作，如图12-1-6所示。

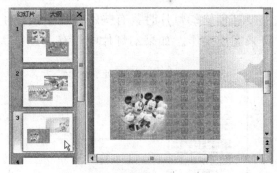

图12-1-6

2. 复制幻灯片

复制幻灯片是将演示文稿中已有的幻灯片创建出一个副本，复制时可通过快捷菜单完成操作。

（1）继续上例中的操作，右击需要复制的幻灯片，在弹出的快捷菜单中单击"复制幻灯片"命令，如图12-1-7所示。

图12-1-7

（2）经过以上操作，就完成了复制幻灯片的操作，在执行"复制幻灯片"命令的幻灯片下方，就会显示出复制的幻灯片，如图12-1-8所示。

图12-1-8

12.2　为幻灯片添加对象

在PowerPoint 2010中添加的图形类对象包括图片、自选图形、表格以及图表，本节就来介绍以上对象的添加及编辑操作。

12.2.1　在幻灯片中插入与编辑图片

为幻灯片插入图片时，可以通过占位符插入，也可以通过选项组中的按钮完成操作。将图片插入到幻灯片后，为了让图片效果更加理想，还需要对图片进行一定的编辑操作。

1. 为幻灯片插入图片

在创建幻灯片时，有些幻灯片中预设了图片的占位符，插入图片时可直接通过占位符来完成操作。如果幻灯片中没有占位符，也可以通过选项组中的按钮完成操作。

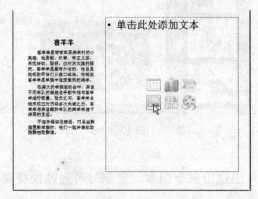

图 12-2-1

方法一：通过占位符插入图片

（1）打开"角色简介.pptx"，选中需要插入图片的幻灯片，然后单击幻灯片中的图片占位符，如图 12-2-1 所示。

（2）弹出"插入图片"对话框，进入目标图片所在路径，选中需要插入的图片，然后单击"插入"按钮，如图 12-2-2 所示。

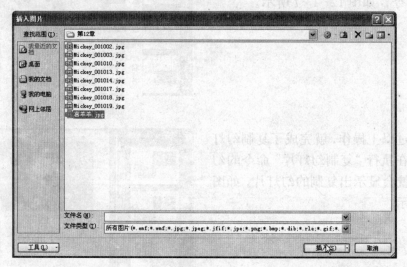

图 12-2-2

图 12-2-3

（3）经过以上操作，就完成了为幻灯片插入图片的操作，返回幻灯片即可看到插入图片后的效果，如图 12-2-3 所示。

方法二：通过选项组按钮插入图片

　　（1）继续上例的操作，选中需要插入图片的幻灯片，切换到"插入"选项卡，单击"图像"选项组中的"图片"按钮，如图12-2-4所示。

图 12-2-4

　　（2）弹出"插入图片"对话框，进入目标图片所在路径，单击需要插入的图片，单击"插入"按钮，就完成了插入图片的操作，如图12-2-5所示。

图 12-2-5

2.编辑图片

　　编辑图片时，可对图片的边框颜色、边框宽度、边框样式、阴影、映像、发光、柔化边缘、棱台、三维旋转的格式进行编辑，也可使用"图片样式"列表中预设的样式，在实际操作中可根据演示文稿的需要对图片进行编辑。

　　（1）打开"角色简介2.pptx"，选中幻灯片中需要设置的图片，切换到"图片工具-格式"选项卡，单击"图片样式"选项组的快翻按钮，如图12-2-6所示。

图 12-2-6

　　（2）展开图片样式库后，单击需要使用的样式，这里单击"复杂框架，黑色"图标，如图12-2-7所示。

图 12-2-7

　　（3）为图片应用样式后单击"图片效果"按钮，在展开的下拉列表中指向"映像"选项，在级联列表中单击"半映像，4pt偏移量"图标，如图12-2-8所示。

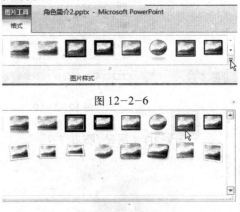

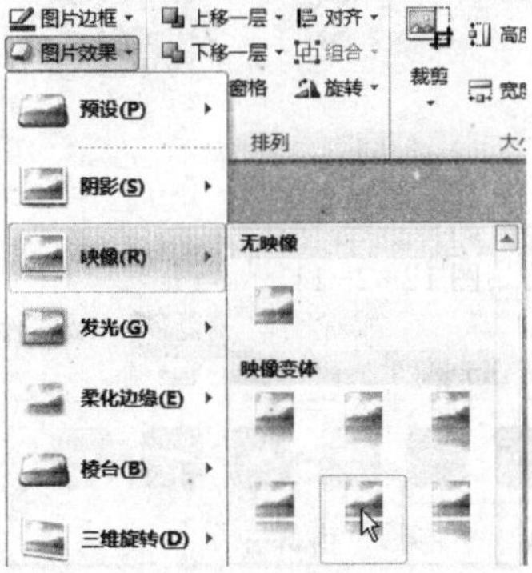

图 12-2-8

图 12-2-9

（4）经过以上操作，就完成了本例中对图片的编辑操作，效果如图 12-2-9 所示。

12.2.2　插入与设置自选图形

在 PowerPoint 2010 中包括线条、矩形、基本形状、箭头总汇、公式形状、流程图、星与旗帜、标注、动作按钮 9 种类型的自选图片，为幻灯片插入了需要的图形后，可对图片的填充、轮廓、效果进行适当的设置。

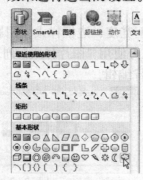

图 12-2-10

（1）打开"网店饰品.pptx"，切换到"插入"选项卡，单击"插图"选项组中的"形状"按钮，在展开的形状库中单击"基本形状"组中的"云形"图标，如图 12-2-10 所示。

图 12-2-11

（2）选择插入的形状图形后，在需要插入形状的幻灯片的编辑区内拖动鼠标，绘制大小合适的形状图形，如图 12-2-11 所示。

图 12-2-12

（3）为幻灯片插入形状图形后，切换到"绘图工具－格式"选项卡，单击"形状样式"选项组中的快翻按钮，如图 12-2-12 所示。

（4）展开形状样式库后，单击"中等效果－橙色，强调颜色6"图标，如图12-2-13所示。

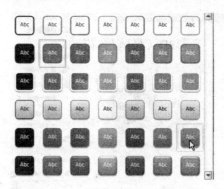

图12-2-13

（5）为形状图形应用样式后，单击"形状样式"选项组的对话框启动器，如图12-2-14所示。

图12-2-14

（6）弹出"设置形状格式"对话框，在"填充"选项面板下选中"渐变填充"单选按钮，然后单击"预设颜色"右侧的下三角按钮，在展开的颜色库中单击"彩虹出岫"图标，如图12-2-15所示。

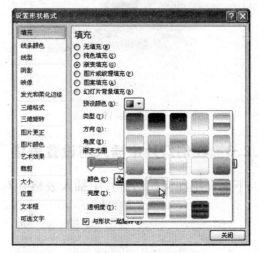

图12-2-15

（7）单击"线条颜色"选项，然后选中"无线条"单选按钮，如图12-2-16所示。

（8）单击"发光和柔化边框"选项，然后单击"颜色"右侧的下三角按钮，在展开的颜色库中单击"标准色"组中的"黄色"图标，如图12-2-17所示。

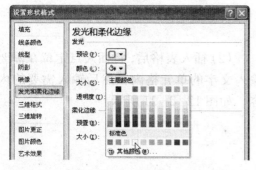

图12-2-16

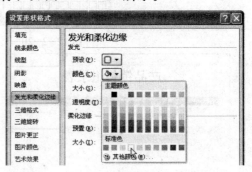

图12-2-17

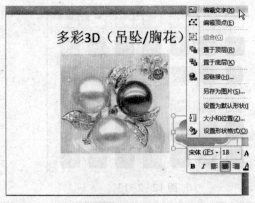

图 12-2-18

图 12-2-19

（9）关闭"设置形状格式"对话框，单击右键，弹出快捷菜单，选择"编辑文字"，如图 12-2-18 所示。

（10）在文本插入点处输入文本"原价：￥5300"，完成图形的操作，如图 12-2-19 所示。

12.2.3　在幻灯片中插入与设置表格

下面介绍如何在幻灯片中插入表格并对其进行编辑。

图 12-2-20

（1）打开"产品销售记录表.pptx"，选中第 4 张幻灯片，切换到"插入"选项卡，单击"表格"选项组中的"表格"按钮，在展开的下拉列表中移动鼠标经过 4 列 8 行的表格，然后单击鼠标，如图 12-2-20 所示。

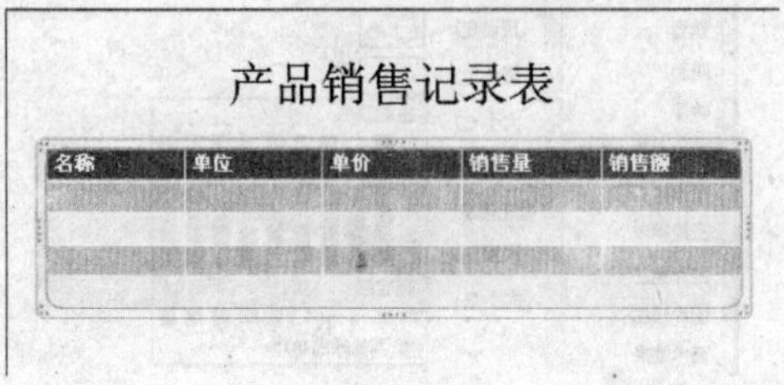

（2）插入表格后，将插入点定位在需要输入文字的单元格内，然后输入需要的内容，如图 12-2-21 所示。

图 12-2-21

（3）编辑表格的内容后，切换到"表格工具－设计"选项卡，在"表格样式"选项组的列表框中单击需要使用的表格样式"中度样式2－强调3"图标，如图12-2-22所示。

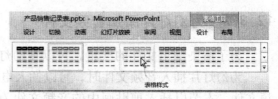

图 12-2-22

（4）经过以上操作，就完成了表格的插入与编辑操作，如图12-2-23所示。

产品销售记录表

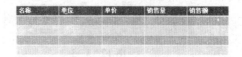

图 12-2-23

12.3　在幻灯片中插入视频和音频文件

除了可在幻灯片中插入图形、表格等元素外，为了丰富演示文稿的内容，可以为演示文稿添加视频和音频文件。

12.3.1　为幻灯片插入视频文件

为幻灯片插入视频文件时，可以插入电脑中的视频文件，也可以插入剪贴画中的视频文件。本节以插入电脑中的视频文件为例，介绍在幻灯片中插入视频文件的具体操作步骤。

（1）打开演示文稿，选择需要插入视频的幻灯片，然后在"插入"选项卡下单击"媒体"选项组中的"视频"下三角按钮，在展开的下拉列表中单击"文件中的视频"选项，如图12-3-1所示。

图 12-3-1

（2）弹出"插入视频文件"对话框，进入需要使用的文件所在路径，选中目标文件，然后单击"插入"按钮，如图12-3-2所示。

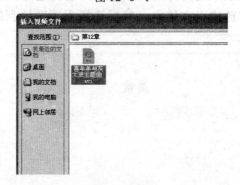

图 12-3-2

（3）经过以上操作，就完成了为幻灯片插入视频文件的操作。

12.3.2　为幻灯片添加音频文件

为了渲染演示文件的气氛，可以在幻灯片中插入一些背景音乐作为衬托。

为幻灯片插入音频文件时，可以插入电脑中的音频文件，也可以插入剪贴画中的音频文件，本节以插入剪贴画中的音频文件为例，介绍具体操作步骤。

图 12-3-3

图 12-3-4

（1）打开演示文稿，选择需要插入音频的幻灯片，在"插入"选项卡下单击"媒体"选项组中的"音频"下三角按钮，在展开的下拉列表中单击"剪贴画音频"选项，如图 12-3-3 所示。

（2）弹出"剪贴画"任务窗格，在列表框中显示出程序搜索到的音频文件，单击需要插入到的幻灯片中的音频文件图标，如图 12-3-4 所示。

（3）经过以上操作，就完成了为幻灯片插入音频文件的操作。

12.4　为幻灯片插入超链接

在 PowerPoint 中超链接是指从一个目标指向另一个动作的链接关系，这个动作可以是切换幻灯片，也可以是新建幻灯片；而在演示文稿中用作超链接的目标，可以是一段文本或者是一个图片。

在放映幻灯片时，如果用户需要通过当前的文字链接到文稿中的其余幻灯片时，可将文本链接于文档中，然后选择需要链接到的幻灯片。

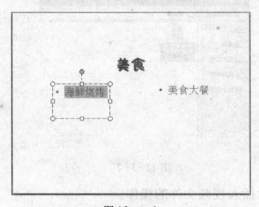

图 12-4-1

（1）打开"美食.pptx"，选中幻灯片中需要设置链接的文本，如图 12-4-1 所示。

（2）切换到"插入"选项卡，单击"链接"选项组中的"超链接"按钮，如图12-4-2所示。

图12-4-2

（3）弹出"插入超链接"对话框，在"链接到"列表框中单击"本文档中的位置"图标，在"请选择文档中的位置"列表框中单击需要链接到的目标选项后，单击"确定"按钮，如图12-4-3所示。

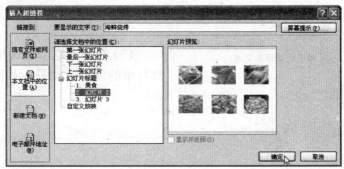

图12-4-3

（4）经过以上操作，就完成了插入切换幻灯片的超链接操作，在所选文本下方会显示一条横线，如图12-4-4所示，在进行幻灯片的放映时，单击该链接就会切换到所链接的幻灯片中。

图12-4-4

12.5　实例——制作"各国建筑"演示文稿

（1）打开"各国建筑"演示文稿，单击第一张幻灯片，在文本框中输入相关内容，如图12-5-1所示。

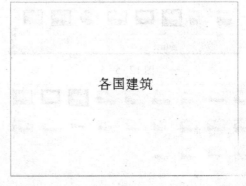

图12-5-1

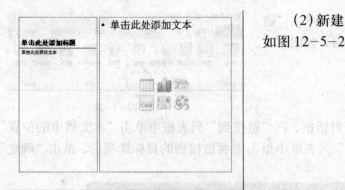

图 12-5-2

（2）新建"内容与标题"版式的幻灯片，如图12-5-2所示。

图 12-5-3

（3）在文本框中输入相关内容，单击幻灯片中的图片占位符，如图12-5-3所示。

图 12-5-4

（4）弹出"插入图片"对话框，选中需要插入的图片，然后单击"插入"按钮，如图12-5-4所示。

图 12-5-5

（5）将图片调整到合适大小，切换到"图片工具－格式"选项卡，单击"图片样式"选项组的快翻按钮，如图12-5-5所示。

图 12-5-6

（6）展开图片样式库后，单击需要使用的样式"圆形对角，白色"图标，如图12-5-6所示。

（7）单击"图片样式"选项组中的"图片效果"按钮，在展开的效果库中指向"预设"选项，在级联列表中单击"预设9"图片，如图12-5-7所示。

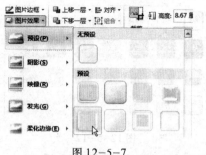

图12-5-7

（8）拖动鼠标选中文本框中的标题文本，切换到"绘图工具-格式"选项卡，单击"艺术字样式"选项组中的快翻按钮，如图12-5-8所示。

图12-5-8

（9）展开艺术字样式库后，单击需要使用的样式"填充-蓝色，强调文字颜色1，内部阴影-强调文字颜色1"图标，并将艺术字的形状填充为"新闻纸"的纹理，如图12-5-9所示。

图12-5-9

（10）选中"中国"标题文本，如图12-5-10所示。

图12-5-10

（11）切换到"绘图工具-格式"选项卡，单击"插入形状"选项组中的"编辑形状"按钮，在展开的下拉列表中指向"更改形状"选项，单击"云形"图标，如图12-5-11所示。

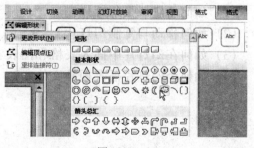

图12-5-11

图 12-5-12

（12）更改文本框的形状后，在"绘图工具－格式"选项卡下单击"形状样式"选项组列表框中的"细微效果－橄榄色，强调颜色3"样式，如图12-5-12所示。

图 12-5-13

（13）设置形状图形的样式后，根据文本对图形大小进行调整；然后为相册插入其他内容，此时就完成了相册的创建，如图12-5-13所示。

12.6 小　结

本章主要讲解了PowerPoint 2010的一些基础操作，通过本章的学习，读者应能掌握新建、移动以及复制幻灯片，为幻灯片添加与设置不同对象的操作，以及对幻灯片进行分节处理、为幻灯片插入超链接的操作。

12.7 习　题

填空题

（1）在PowerPoint 2010中预设了_____、_____、_____、_____等11种幻灯片版式。

（2）在PowerPoint 2010中添加的图形类对象包括_____、_____、_____以及图表。

（3）在设置视频画面样时，包括_____、_____、_____3方面的设置。

简答题

（1）如何新建一张幻灯片？

（2）如何移动与复制幻灯片？

（3）如何在幻灯片中插入表格和图表？

（4）如何为幻灯片插入视频文件？

操作题

（1）制作"茶具展示"演示文稿，如图
12-7-1所示。

图12-7-1

操作要求：在演示文稿中插入"茶具图片"，绘制一个"上凸弯带型"自选图片，然后插入艺术字，并设置其格式。

（2）在幻灯片中制作"日用品销售记录表"，如图12-7-2所示。

产品销售记录表

名称	单位	单价	销售量	销售额
洗发液	瓶	21	2690	56490
沐浴露	瓶	23	8800	20240
染发剂	瓶	35	8700	30450
洗面奶	瓶	18	4500	81000

图12-7-2

操作提示：

在幻灯片中插入一个11行5列的表格，在表格中输入内容，并设置文本的字体，注意表头与表格中文本的字体应有区别，整个表格基准色为绿色。

（3）在"茶具展示"幻灯片中插入音频文件。

操作要求：在幻灯片中插入背景音乐，且该音乐在幻灯片放映开始后5秒开始播放，直到幻灯片放映结束。

读书笔记

第13章　PowerPoint 2010幻灯片的设置

本章学习目标：
- 📂 设置演示文稿的主题
- 📂 为幻灯片设置背景效果
- 📂 使用母版设置幻灯片格式

13.1　设置演示文稿的主题

主题是展现演示文稿风格的主要因素，设置主题时，可通过主题样式、颜色、字体、效果几方面来完成，本节将对以上内容的设置进行详细介绍。

13.1.1　选择需要使用的主题样式

在PowerPoint 2010中预设了暗香、跋涉等43种主题样式，设置文稿主题时可根据文稿的内容选择适当的主题样式。

（1）打开"餐具展示1.pptx"，切换到"设计"选项卡，单击"主题"选项组的快翻按钮，如图13-1-1所示。

图13-1-1

（2）在展开的主题库中单击需要使用的主题样式"波形"图标，如图13-1-2所示。

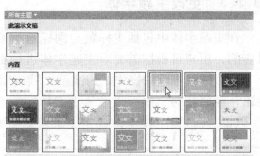

图13-1-2

（3）经过以上操作，就完成了为文稿选择需要应用的主题样式的操作，如图13-1-3所示。

图13-1-3

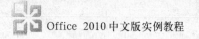

13.1.2 更改主题颜色

在 PowerPoint 2010 中根据主题样式预设了 44 种主题颜色，为演示文稿应用主题后，还可根据需要对主题的颜色进行更改。

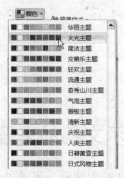

图 13-1-4

（1）继续上例的操作，为演示文稿应用主题后，单击"主题"选项组中的"颜色"按钮，在展开的颜色库中单击"火光主题"选项，如图 13-1-4 所示。

图 13-1-5

（2）经过以上操作，就完成了为文稿更改主题颜色的操作，如图 13-1-5 所示。

13.1.3 更改主题字体

在主题字体中包括主标题与副标题两类文本的字体，主题字体的样式与主题样式是对应的，用户可根据需要对主题字体进行更改。

（1）继续上例的操作，为演示文稿应用了主题后，单击"主题"选项组中的"字体"按钮，在展开的字体样库中单击"行云流水"选项，如图 13-1-6 所示。

（2）经过以上操作，就完成了为文稿更改主题字体的操作，如图 13-1-7 所示。

图 13-1-6

图 13-1-7

13.1.4　更改主题效果

主题效果主要体现在幻灯片四周，主题效果的样式与主题样式是对应的，在应用了主题样式后，可根据需要对主题效果进行更改。

（1）继续上例的操作，为演示文稿应用了主题后，单击"主题"选项组中的"效果"按钮，在展开的效果样式库中单击"顶峰"选项，如图 13-1-8 所示。

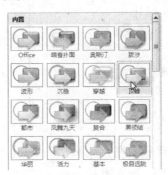

图 13-1-8

（2）经过以上操作，就完成了文稿更改主题效果的操作。

13.2　为幻灯片设置背景效果

为演示文稿应用了主题后，每张幻灯片的背景也应用了相应的设置，为了使幻灯片更加美观，用户可重新为幻灯片设置背景效果。

13.2.1　为当前幻灯片设置渐变背景

设置幻灯片的背景时，如果只为当前幻灯片设置背景，可通过"设置背景格式"对话框来完成操作。

（1）打开"卡哇伊饰品.pptx"，在需要设置背景的幻灯片编辑区内任意位置右击，在弹出的快捷菜单中单击"设置背景格式"命令，如图 13-2-1 所示。

图 13-2-1

（2）弹出"设置背景格式"对话框，在"填充"选项面板下选中"渐变填充"单选按钮，然后单击"预设颜色"右侧的按钮，在展开的颜色下拉列表中单击"彩虹出岫"图标，如图 13-2-2 所示。

（3）选择渐变颜色后，单击"方向"右侧的按钮，在展开的下拉列表中单击"线型对角—右上到左下"图标，如图 13-2-3 所示。

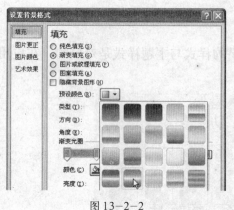
图 13-2-2

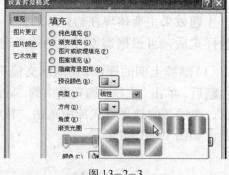
图 13-2-3

（4）设置好背景的填充效果后，单击"关闭"按钮返回演示文稿即可看到设置后的背景效果，如图 13-2-4 所示。

图 13-2-4

13.2.2　应用程序预设的背景样式

为文稿应用了主题后，PowerPoint 就预设了几种背景效果，需要更改幻灯片的背景时，可直接使用程序预设的背景样式。

（1）打开"情人节促销.pptx"，如图 13-2-5 所示。

图 13-2-5

（2）在"设计"选项卡下单击"背景"选项组中的"背景样式"按钮，在展开的样式库中单击"样式6"图标，如图13-2-6所示。

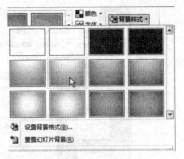

图13-2-6

（3）经过以上操作，就可以为文稿中的所有幻灯片应用该背景样式，如图13-2-7所示。

图13-2-7

13.3 使用母版设置幻灯片格式

母版中包括可出现在每一张幻灯片上的显示元素，通过母版可定义演示文稿中所有幻灯片或页面的格式，便于统一演示文稿的风格。

13.3.1 选择需要编辑的幻灯片版式

在使用母版设置幻灯片格式前，首先选择需要编辑的幻灯片版式。

（1）打开"饰品.pptx"，在"视图"选项卡下单击"母版视图"选项组中的"幻灯片母版"按钮，如图13-3-1所示。

图13-3-1

（2）在"幻灯片"任务窗格中单击需要编辑的幻灯片版式"标题和内容"图标，如图13-3-2所示。

图 13-3-2

13.3.2　更改幻灯片的标题格式

为了使幻灯片的风格统一，可以在母版中将同版式的文本格式设置为一致效果。

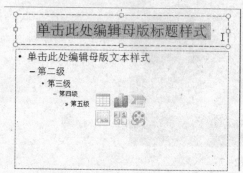

图 13-3-3

（1）继续上例的操作，在母版视图下选择需要更改版式的幻灯片后，选中标题文本，如图 13-3-3 所示。

图 13-3-4

（2）切换至"绘图工具-格式"选项卡，单击"艺术字样式"选项组的快翻按钮，如图 13-3-4 所示。

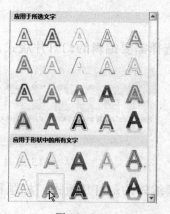

图 13-3-5

（3）展开艺术字样式库后，单击"填充-橙色，强调文字颜色6，暖色粗糙棱台"图标，如图 13-3-5 所示。

（4）选择需要使用的艺术字样式后，单击"艺术字样式"选项组中的"文本填充"下三角按钮，在展开的颜色列表中单击"标准色"选项组中的"绿色"图标，如图13-3-6所示。

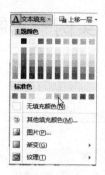

图13-3-6

（5）在"开始"选项卡下单击"字体"选项组中"字体"右侧的下三角按钮，在下拉列表框中单击"华文行楷"选项，如图13-3-7所示。

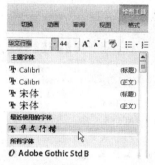

图13-3-7

（6）在"开始"选项卡下单击"段落"选项组中的"文本左对齐"按钮，如图13-3-8所示。

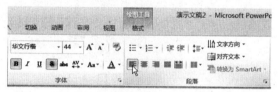

图13-3-8

（7）在"幻灯片母版"选项卡下，单击"关闭"选项组中的"关闭母版视图"按钮，如图13-3-9所示。

图13-3-9

（8）返回普通视图状态后，即可看到所有应用"标题和内容"版式的幻灯片标题都应用了母版中的设置效果，如图13-3-10所示。

图13-3-10

13.4 实例——制作"花鸟"母版

图 13-4-1

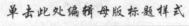

图 13-4-2

图 13-4-3

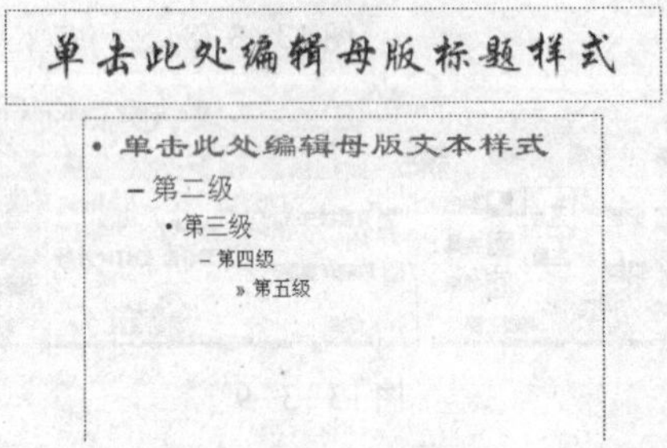

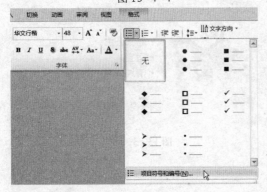

单击此处编辑母版标题样式

- 单击此处编辑母版文本样式
  - 第二级
    - 第三级
      - 第四级
        - 第五级

图 13-4-4

图 13-4-5

（1）新建空白演示，并以"花鸟"为名进行保存，单击"视图"选项卡，单击"母版视图"组中的"幻灯片母版"按钮，如图13-4-1所示。

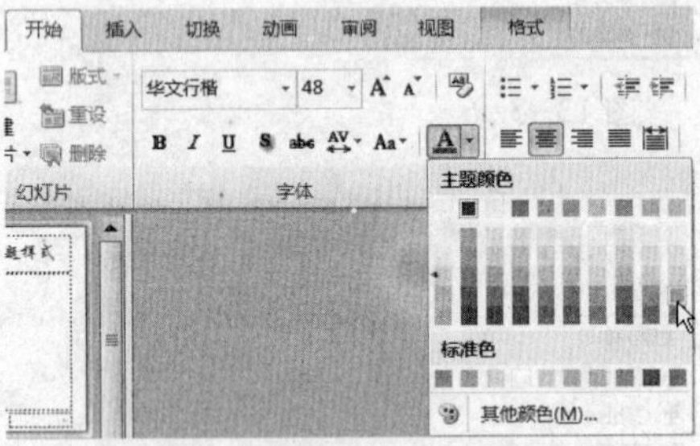

（2）选择左侧窗格中第1张幻灯片，选择其中标题占位符中的文本，单击"开始"选项卡，在"字体"组中的"字体"下拉列表框中选择"华文楷体"选项，在"字号"下拉列表框中选择"48"选项，单击"字体颜色"按钮，在弹出的下拉列表中选择"橙色，强调文字颜色6，深色25%"选项，如图13-4-2所示。

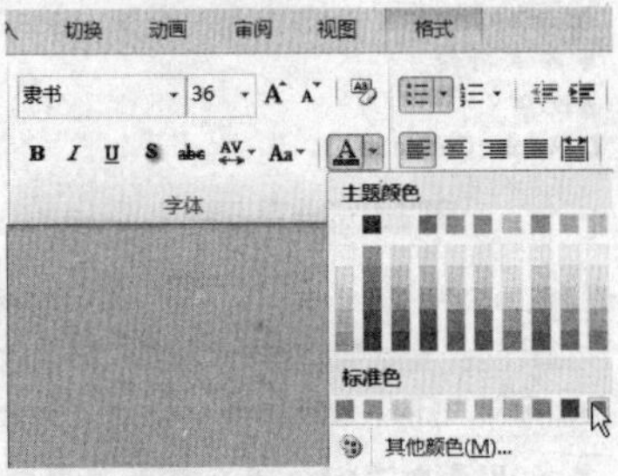

（3）选中文本占位符中的第一级文本，在"开始"选项卡的"字体"组中设置字体格式为"隶书、36、紫色"，如图13-4-3所示。

（4）用鼠标拖动正文占位符上的控制点，缩小其宽度，将占位符拖动至标题占位符的正下方，如图13-4-4所示。

（5）将插入点定位在标题占位符的任意位置，单击"开始"选项卡，单击"段落"组中的"项目符号"按钮右侧的下三角按钮，在弹出的菜单中选择"项目符号和编号"命令，如图13-4-5所示。

（6）在打开的"项目符号和编号"对话框中单击"图片"按钮，如图13-4-6所示。

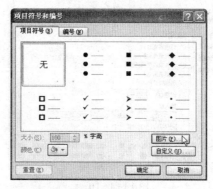

图 13-4-6

（7）在打开的"图片项目符号"对话框中拖动中间列表框的滑块，选择如图13-4-7所示的选项，单击"确定"按钮。

图 13-4-7

（8）返回"项目符号和编号"对话框，单击其中的"确定"按钮，为标题占位符设置了图片项目符号的效果如图13-4-8所示。

图 13-4-8

（9）单击"幻灯片母版"选项卡，单击"背景"组右下角的对话框启动器，如图13-4-9所示。

图 13-4-9

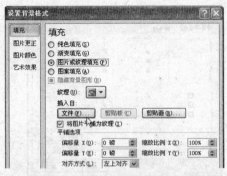

图 13-4-10

（10）在打开的"设置背景格式"对话框，选中"图片或纹理填充"单选项，单击"插入自"栏中的"文件"按钮，如图13-4-10所示。

图 13-4-11

（11）在打开的"插入图片"对话框的"查找范围"下拉列表框中选择图片所在的位置，在中间列表中选择需要插入的图片，单击"插入"按钮，如图13-4-11所示。

（12）返回"设置背景格式"对话框，单击"关闭"按钮。

图 13-4-12

（13）单击"插入"选项卡，单击"文本"组中的"页眉和页脚"按钮，如图13-4-12所示。

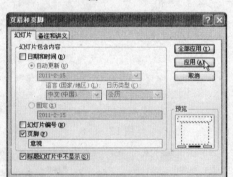

图 13-4-13

（14）在打开的"页眉和页脚"对话框中选中"页脚"复选框，并在其下的文本框中输入"意境"文本，选中"标题幻灯片中不显示"复选项，然后单击"应用"按钮，如图13-4-13所示。

（15）单击"幻灯片母版"选项卡，单击"关闭"组中的"关闭母版视图"按钮，如图13-4-14所示。

图13-4-14

（16）切换到普通视图后，新建一张空白幻灯片，单击"幻灯片浏览"按钮，可以看到在新建的幻灯片中显示有页脚内容，最后保存演示文稿，完成本例的制作，如图13-4-15所示。

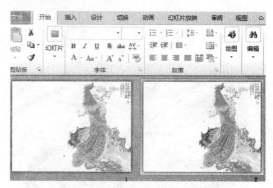

图13-4-15

13.5　小　结

本章主要讲解了PowerPoint 2010演示文稿的风格设置，通过本章的学习，读者应能掌握为演示文稿设置主题、背景，以及使用母版统一演示文稿风格等操作。

13.6　习　题

填空题

（1）主题是展现演示文稿风格的主要因素，设置主题时，可通过＿＿＿、＿＿＿、＿＿＿、＿＿＿几方面来完成。

（2）占位符包括＿＿＿、＿＿＿、＿＿＿、＿＿＿、＿＿＿、＿＿＿、＿＿＿、＿＿＿8种类型。

（3）在PowerPoint中幻灯片的页眉包括＿＿＿、＿＿＿，页脚的内容则＿＿＿。

简答题

（1）如何选择需要的主题样式？

（2）如何应用程序预设的背景样式？

（3）如何为幻灯片添加页眉和页脚？

操作题

图 13-6-1

图 13-6-2

图 13-6-3

（1）美化"名菜推荐.pptx"，选择第2张幻灯片，如图 13-6-1 所示。

（2）为"名菜推荐.pptx"演示文稿添加图片背景。如图 13-6-2 所示。

（3）打开"名菜推荐.pptx"演示文稿，选中第1张幻灯片，更改幻灯片的主题颜色为"行云流水"，如图 13-6-3 所示。

第14章 PowerPoint 2010 的动画设计

本章学习目标：
- 📂 设置幻灯片的自动切换效果
- 📂 设置幻灯片中各对象的动画效果
- 📂 编辑对象的动画效果

14.1 设置幻灯片的自动切换效果

对幻灯片切换效果的设置中，包括切换方式、切换方向、切换声音以及换片方式四方面的设置，本节将进行详细介绍这四方面的内容。

14.1.1 选择幻灯片的切换方式

在 PowerPoint 2010 中预设了细微型、华丽型、动态内容 3 种类型，包括切入、淡出、推进、擦除等 34 种切换方式，可为幻灯片选择适当的切换方式。

（1）打开"畅游紫金城.pptx"，单击第 2 张幻灯片，如图 14-1-1 所示。

图 14-1-1

（2）切换到"切换"选项卡，单击"切换到此幻灯片"选项组的快翻按钮，如图 14-1-2 所示。

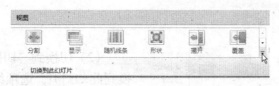

图 14-1-2

（3）展开切换方式库后，单击"华丽型"组中的"涟漪"图标，如图 14-1-3 所示。

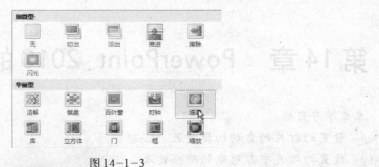

图 14-1-3

图 14-1-4

（4）经过以上操作，就完成了为所选幻灯片选择切换方式的操作，程序会自动对切换方式进行预览，用户可按照类似的操作，为其他幻灯片应用适当的切换方式，如图 14-1-4 所示。

14.1.2 设置幻灯片切换的方向

幻灯片的每种切换方式都包括多种切换方向，为幻灯片应用了切换方式后，可根据需要对切换的运动方向进行更改。

图 14-1-5

（1）继续上例的操作，选中第2张幻灯片，如图 14-1-5 所示。

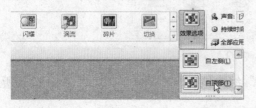

图 14-1-6

（2）切换到"切换"选项卡，单击"切换到此幻灯片"选项组中的快翻按钮，展开切换方式库后，单击"华丽型"组中的"棋盘"图标，单击"效果选项"按钮，在展开的下拉列表中单击"自顶部"选项，如图 14-1-6 所示。

（3）经过以上操作，就完成了为所选幻灯片应用所选择的切换方向更改的操作，如图14-1-7所示。

图14-1-7

14.1.3 设置幻灯片转换时的声音并设置切换时间

为了让幻灯片切换时更有意境，可在幻灯片切换时为其配上声音。演示文稿中预设了爆炸、抽气、打字机等多种声音，用户可根据幻灯片的内容选择适当的声音。对于幻灯片切换时所用的时间也可根据需要进行更改。

（1）继续上例操作，选中第3张幻灯片，如图14-1-8所示。

图14-1-8

（2）在"切换"选项卡下单击"计时"选项组中的"声音"下拉列表框右侧的下三角按钮，在展开的下拉列表中单击需要使用的声音选项，如图14-1-9所示，程序会即时播放应用声音后的效果。

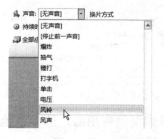

图14-1-9

（3）设置了切换时的声音效果后，在"计时"选项组中的"持续时间"数值框内输入需要设置的切换时间，如图14-1-10所示，然后单击幻灯片中的任意位置，就完成了更改切换时间的操作。

图14-1-10

14.1.4 设置幻灯片的换片方式

幻灯片的换片方式包括单击鼠标换片以及自动换片两种，程序在默认的情况下所使用的换片方式为单击鼠标，下面介绍设置幻灯片的自动换片方式的操作。

图 14-1-11

（1）继续上例的操作，单击"幻灯片"任务窗格中的第4张幻灯片图标，如图14-1-11所示。

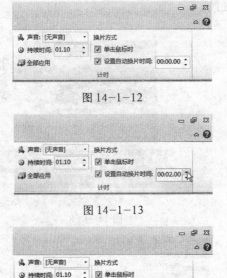

图 14-1-12

（2）在"切换"选项卡下的"计时"选项组中取消勾选"单击鼠标时"复选框，勾选"设置自动换片时间"复选框，如图14-1-12所示。

图 14-1-13

（3）连续两次单击"设置自动换片时间"数值框右侧的上调按钮，将换片时间设置为2秒，如图14-1-13所示。

图 14-1-14

（4）将当前幻灯片的切换动画、持续时间、换片方式与时间都设置完毕后，单击"计时"选项组中的"全部应用"按钮，如图14-1-14所示。

（5）将换片方式全部应用后，选中其他幻灯片，在"计时"选项组中可以看到选择幻灯片已应用了上述设置。

14.2 设置幻灯片中各对象的动画效果

在为幻灯片中的对象设置动画效果时，可分别对幻灯片设置进入、强调、退出以及动作路径的动画效果。在 PowerPoint 2010中，可在"动画"样式库中选择需要使用的动画效果。

14.2.1　设置进入动画效果

PowerPoint 2010将一些常用的动画效果放置于"动画"库中，为对象设置动画效果时，可直接在库中选择，也可以在"添加进入效果"对话框中完成设置。

方法一：在动画库中选择动画效果

（1）打开"水晶饰品展示.pptx"，选中第2张幻灯片中需要设置动画效果的对象，如图14-2-1所示。

图14-2-1

（2）切换到"动画"选项卡，单击"动画"选项组中的快翻按钮，如图14-2-2所示。

图14-2-2

（3）展开动画库后，单击需要使用的动画效果"擦除"图标，如图14-2-3所示。

（4）经过以上操作，就完成了为幻灯片中所选对象设置动画效果的操作。

图14-2-3

方法二：在"添加进入效果"对话框中选择动画效果

（1）继续上例操作，选中第3张幻灯片中需要设置动画效果的对象，如图14-2-4所示。

图14-2-4

图 14-2-5

（2）单击"动画"选项卡下的"高级动画"选项组中的"添加动画"按钮，在展开的下拉列表中单击"更多进入效果"选项，如图 14-2-5 所示。

图 14-2-6

（3）弹出"添加进入效果"对话框，在"华丽型"组中单击"空翻"图标，然后单击"确定"按钮，如图 14-2-6 所示。

（4）经过以上操作，就完成了为幻灯片中的所选对象设置进入动画效果的操作，用户可按照本例的操作，为幻灯片中其他对象设置进入动画效果。

14.2.2 设置强调动画效果

强调动画效果用于让对象突出，引人注目，所以在设置强调动画效果时，可选择一些较华丽的效果。

图 14-2-7

（1）继续上例操作，选中第4张幻灯片，单击需要设置强调动画效果的对象，如图 14-2-7 所示。

图 14-2-8

（2）切换到"动画"选项卡，单击"高级动画"选项组中的"添加动画"按钮，在展开的下拉列表中单击"强调"组中的"陀螺旋"图标，如图 14-2-8 所示。

（3）经过以上操作，就完成了为幻灯片中的所选对象设置强调动画效果的操作。

14.2.3　设置退出动画效果

退出动画效果包括百叶窗、飞出、轮子、棋盘等多种效果，可根据需要进行设置。

（1）继续上例操作，选中第5张幻灯片，选择需要设置退出动画效果的对象，如图14-2-9所示。

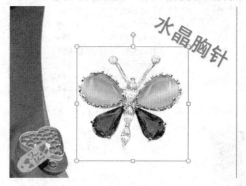

图 14-2-9

（2）单击"动画"选项卡下的"高级动画"选项组中的"添加动画"按钮，在展开的下拉列表中单击"退出"组中的"轮子"图标，如图14-2-10所示。

（3）经过以上操作，就完成了为幻灯片中的所选对象设置退出动画效果的操作。

图 14-2-10

14.2.4　设置动作路径动画效果

动作路径用于自定义动画运动的路线及方向，设置动作路径时，可使用程序中预设的路径。

程序中预设了六边形、平行四边形等多种路径样式，为对象设置路径运动时，可直接使用预设样式。

（1）继续上例操作，选中第6张幻灯片中需要设置动作路径动画效果的对象，如图14-2-11所示。

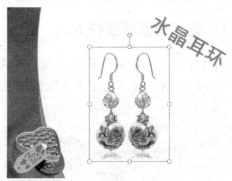

图 14-2-11

（2）单击"动画"选项卡下的"高级动画"选项组中的"添加动画"按钮。

（3）展开动画效果下拉列表，单击"其他动作路径"选项，如图14-2-12所示。

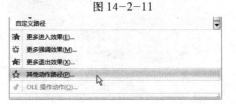

图 14-2-12

图14-2-13

（4）弹出"添加动作路径"对话框，在"基本"组中单击"心形"图标，如图14-2-13所示，然后单击"确定"按钮。

图14-2-14

（5）经过以上操作，就完成了为幻灯片中的所选对象设置动画路径，如图14-2-14所示，对幻灯片进行放映时，所选择的对象会按照该路径进行运动。

14.3　编辑对象的动画效果

为对象应用动画效果，只是应用于程序中默认的动作效果，对于动画的运行方式、动画声音、动画长度等内容都可以在应用了动画效果后重新进行编辑。通过这些操作，可以让动画效果更加符合演示文稿的意图。

14.3.1　设置动画的运行方式

幻灯片中对象的动画运行方式包括单击时、与上一动画同时、上一动画之后3种方式，程序在默认的情况下使用单击时的方式，但是用户可根据需要选择适当的运行方式。

图14-3-1

（1）打开"古董展示.pptx"，切换到"动画"选项卡，单击第2张幻灯片中目标对象左上角的动画序号，如图14-3-1所示。

（2）选择需要编辑的动画效果后，单击"计时"选项组中"开始"下拉列表框右侧的下三角按钮，在展开的下拉列表中单击"上一动画之后"选项，如图 14-3-2 所示，就完成了更改动画运行方式的操作。

图 14-3-2

14.3.2　重新对动画效果进行排序

为幻灯片中各对象设置了动画效果后，放映时，程序会根据用户所设置的动画顺序对各对象进行播放，在设置了动画效果后，可对动画顺序重新调整。

（1）继续上例操作，选择需要编辑的第 3 张幻灯片后，切换到"动画"选项卡，单击幻灯片中需要设置的对象左上角的动画序号，如图 14-3-3 所示。

图 14-3-3

（2）选择需要编辑的动画效果后，单击"计时"选项组中的"对动画重新排序"下的"向前移动"按钮，如图 14-3-4 所示。

图 14-3-4

（3）经过以上操作，就完成了对动画顺序的移动，在幻灯片中即可看到所选择动画的播放顺序已移至第一位。

14.3.3　设置动画的声音效果

在为幻灯片中的对象设置动画效果时，也可以为其添加声音效果，并且在选择了需要使用的声音后，还可对音量大小进行调整。

（1）继续上例的操作，选择需要编辑的第 4 张幻灯片，切换到"动画"选项卡，单击幻灯片中需要设置的对象左上角的动画序号，如图 14-3-5 所示。

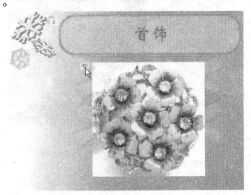

图 14-3-5

图 14-3-6

图 14-3-7

图 14-3-8

（2）选择需要编辑的动画序号后，单击"动画"选项组的对话框启动器，如图 14-3-6 所示。

（3）弹出"翻转式由远及近"对话框，在"效果"选项卡下单击"声音"右侧的下三角按钮，在展开的下拉列表框中单击需要使用的声音选项，如图 14-3-7 所示。

（4）选择需要使用的声音后，单击"音量"图标，在弹出的音量标尺中，向上或向下拖动标尺上的滑块至合适音量后释放鼠标左键，就完成了为动画设置声音效果的操作，如图 14-3-8 所示。

14.3.4　设置动画效果运行的长度

在运行动画效果时，运行的时间长度包括非常快、快速、中速、慢速、非常慢 5 种方式，用户可根据需要选择合适的长度。

图 14-3-9

（1）继续上例的操作，选择需要编辑的第 5 张幻灯片，切换到"动画"选项卡，按住 Ctrl 键不放，依次单击幻灯片中需要编辑动画长度的序号，然后单击"动画"选项组中的对话框启动器，如图 14-3-9 所示。

（2）弹出"阶梯状"对话框，切换到"计时"选项卡，单击"期间"右侧的下三角按钮，在展开的下拉列表中单击"慢速（3秒）"选项，如图 14-3-10 所示，最后单击"确定"按钮，就完成了动画长度的设置。

图 14-3-10

14.4　实例——制作幼儿玩具产品展示

（1）打开"幼儿玩具产品展示.pptx"文件，如图 14-4-1 所示。

图 14-4-1

（2）设置图片进入的动画效果。选中第 2 张幻灯片中要设置动画效果的图片，如图 14-4-2 所示。

图 14-4-2

（3）单击"动画"选项卡下的"高级动画"选项组中的"添加动画"按钮，在展开的下拉列表中单击"更多进入效果"选项。

图 14-4-3

（4）弹出"添加进入效果"对话框，在"基本型"组中单击"向内溶解"图标，然后单击"确定"按钮，如图14-4-3所示。

（5）单击幻灯片中需要设置的对象左上角的动画序号，单击"动画"选项组的对话框启动器。

图 14-4-4

（6）弹出"向内溶解"对话框，在"效果"选项卡的"增强"选项区域中设置"声音"为"风声"，"动画播放后"为"不变暗"，如图14-4-4所示。

图 14-4-5

（7）设置计时。在"向内溶解"对话框中切换到"计时"选项卡，设置开始时间为"上一动画之后"，延迟时间为"1秒"，然后单击"确定"按钮，如图14-4-5所示。

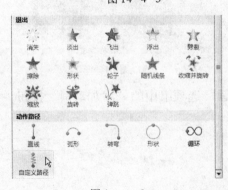

图 14-4-6

（8）给"风车"图片设置自定义路径。选中图片，然后单击"添加效果"按钮，在打开的列表的"动作路径"列表中选择路径类型为"自由曲线"，如图14-4-6所示。

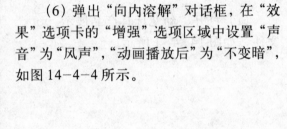

（9）待鼠标指针变为十字形状时，在幻灯片自动绘制动画动作路径，绘制完成后在终点位置处双击，如图14-4-7所示。

图14-4-7

（10）设置自定义路径的效果。打开"自定义路径"对话框，进行如图14-4-8所示的设置。

图14-4-8

（11）设置自定义路径的计时。切换到"计时"选项卡，进行如图14-4-9所示的设置。

图14-4-9

（12）播放所设置的动画效果。设置完幻灯片中动画效果后，单击"自定义动画"窗格中的"播放"按钮，预览幻灯片中所设置的动画效果。

14.5　小　结

本章主要讲解了为幻灯片中各对象设置动画效果的操作，通过本章的学习，读者应能根据文稿的需要，为其应用适当的动画效果。

14.6 习 题

填空题

（1）对幻灯片切换效果的设置中，包括＿＿＿、＿＿＿、＿＿＿以及＿＿＿四方面来设置。

（2）在 PowerPoint 2010 中预设了＿＿＿、＿＿＿、＿＿＿3 种类型。

（3）在 PowerPoint 2010 中包括＿＿＿、＿＿＿、＿＿＿、＿＿＿等 34 种切换方式。

（4）幻灯片的换片方式包括单击＿＿＿以及＿＿＿两种。

（5）退出动画效果包括＿＿＿、＿＿＿、＿＿＿、＿＿＿等多种效果。

（6）幻灯片中对象的运行方式包括＿＿＿、＿＿＿、＿＿＿3 种方式。

（7）在运行动画效果时，运行的时间长度包括＿＿＿、＿＿＿、＿＿＿、＿＿＿、＿＿＿5 种方式。

简答题

（1）如何选择幻灯片的切换方式？

（2）如何设置进入强调动画效果？

（3）如何设置动画的运行方向？

（4）如何复制动画效果？

操作题

图 14-6-1

为"家庭生活小窍门.pptx"文件添加动画，如图 14-6-1 所示。

操作提示：

①标题文字设置为自顶部的"飞入"动画、速度为"快速"。

②副标题文字设置为"纵向棋盘式"动画，速度为"慢速"。

③将剪贴画设置为"向左"的动作路径动画。

第15章 PowerPoint 2010幻灯片的放映

本章学习目标：

- 准备放映幻灯片
- 放映幻灯片
- 放映时编辑幻灯片
- 共享演示文稿

15.1 准备放映幻灯片

在放映幻灯片前，一些准备工作是必不可少的，例如将不需要放映的幻灯片隐藏、对放映幻灯片进行演示以及设置幻灯片的放映方式等操作，本节将一一进行介绍。

15.1.1 隐藏幻灯片

在放映幻灯片前可以隐藏某些幻灯片，放映时程序将自动跳过这些幻灯片，隐藏幻灯片可通过快捷菜单完成，也可以通过选项组中的按钮来完成操作。

方法一：通过快捷菜单隐藏幻灯片

（1）打开"看图学英语.pptx"文件，右击需要隐藏的幻灯片，在快捷菜单中单击"隐藏幻灯片"命令，如图15-1-1所示。

（2）该幻灯片隐藏后，在幻灯片缩略图的左上角会显示隐藏标记，在放映幻灯片时PowerPoint将自动跳过该幻灯片，直接播放其他幻灯片。

图15-1-1

方法二：通过选项组中的按钮隐藏幻灯片

（1）在"幻灯片"窗格中单击需要隐藏的幻灯片。

（2）切换到"幻灯片放映"选项卡，单击"设置"选项组中的"隐藏幻灯片"按钮，如图15-1-2所示，就完成了隐藏幻灯片的操作。

图15-1-2

15.1.2 录制幻灯片演示

录制幻灯片的作用是对幻灯片的放映进行排练，对每个动画所使用的时间进行分配，录制时可以从头开始录制，也可以从当前幻灯片开始录制。

1.从头开始录制

从头录制幻灯片演示时，无论当前所选中的是哪张幻灯片，PowerPoint都将跳到第1张幻灯片进行播放，播放时，可对每个动作的时间进行控制。

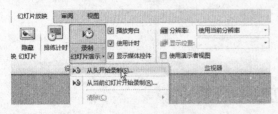

图 15-1-3

（1）打开"英语天地.pptx"文件，切换到"幻灯片放映"选项卡，单击"设置"选项组中的"录制幻灯片演示"下三角按钮，在展开的下拉列表中单击"从头开始录制"选项，如图15-1-3所示。

图 15-1-4

（2）弹出"录制幻灯片演示"对话框，勾选"幻灯片和动画计时"复选框，然后单击"开始录制"按钮，如图15-1-4所示。

图 15-1-5

（3）进入录制状态后，系统自动对演示文稿进行放映，在窗口左上角显示"录制"工具栏，如图15-1-5所示。

（4）需要播放下一动画时单击"下一项"按钮，整个文稿播放完毕后弹出 Microsoft PowerPoint 提示框，提示用户幻灯片放映总共所需要的时间并询问是否保留排练时间，单击"是"按钮，如图15-1-6所示。

图 15-1-6

（5）经过以上操作，就完成了录制幻灯片演示的操作，返回演示文稿中，PowerPoint自动切换到"幻灯片浏览"视图下，并且在每个幻灯片下方显示出放映所需要的时间，如图15-1-7所示。

图 15-1-7

2.从当前幻灯片开始录制

在使用"从当前幻灯片开始录制"功能时，可以有目标地选择演示文稿中录制的内容，以节约时间。

（1）打开"英语天地1.pptx"文件，单击"幻灯片"窗格内的第2张幻灯片，如图15-1-8所示。

图 15-1-8

（2）切换到"幻灯片放映"选项卡，单击"设置"选项组中的"录制幻灯片演示"下三角按钮，在展开的下拉列表中单击"从当前幻灯片开始录制"选项，如图15-1-9所示。

图 15-1-9

（3）弹出"录制幻灯片演示"对话框，勾选"幻灯片和动画计时"复选框，然后单击"开始录制"按钮，如图15-1-10所示。

图 15-1-10

（4）进入录制状态后系统自动对演示文稿进行放映，在窗口左上角显示"录制"工具栏，幻灯片切换完毕需要播放下一动画时，单击"下一项"按钮，如图15-1-11所示。

图 15-1-11

（5）按照步骤4的操作，在需要播放下一动画时，单击"下一项"按钮，将整个文稿播放完后，弹出 Microsoft PowerPoint 提示框，提示用户幻灯片放映总共所需的

图 15-1-12

时间，询问用户是否保留排练时间，单击"是"按钮，如图15-1-12所示，就完成了从当前幻灯片开始录制幻灯片演示的操作。

15.1.3　设置幻灯片的放映方式

幻灯片的放映方式设置，包括对放映类型、放映选项、放映范围以及换片方式等内容的设置，通过以上内容的设置，将会使幻灯片的放映更加得心应手。

（1）打开"英语天地3.pptx"文件，在"幻灯片放映"选项卡下单击"设置"选项组中的"设置幻灯片放映"按钮，如图15-1-13所示。

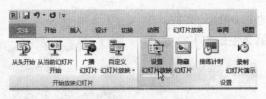

图 15-1-13

（2）打开"设置放映方式"对话框，在"放映选项"选项组内勾选"循环放映，按
Esc 键终止"复选框，然后在"放映幻灯片"选项组的"从"数值框中输入"2"，"到"
数值框中输入"4"，最后单击"确定"按钮，如图 15-1-14 所示，完成幻灯片放映方式
的设置。

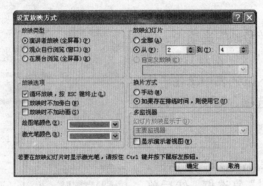

图 15-1-14

15.2　放映幻灯片

　　放映幻灯片主要有 3 种方式，包括从头开始、从当前幻灯片开始以及自定义放映幻
灯片，用户可根据需要选择适当的放映方式。

15.2.1　"从头开始"与"从当前幻灯片开始"放映幻灯片

　　"从头开始"与"从当前幻灯片开始"放映幻灯片时，程序都会按照演示文稿中幻灯
片的顺序进行放映，下面分别来介绍这两种方法的使用。

　　1."从头开始"放映幻灯片

　　在放映幻灯片时，执行了"从头开始"放映幻灯片后，无论当前选择的是哪张幻灯
片，程序都会从第一张幻灯片开始放映。

图 15-2-1

　　（1）打开"英语天地 4.pptx"文件，切
换到"幻灯片放映"选项卡，单击"开始放
映幻灯片"选项组中的"从头开始"按钮，
如图 15-2-1 所示。

（2）执行放映操作，程序将会从第一张幻灯片开始对演示文稿进行全屏放映，如图 15-2-2 所示。

图 15-2-2

2."从当前幻灯片开始"放映幻灯片

在使用"从当前幻灯片开始"放映幻灯片的方法时，需要选择首先要放映的幻灯片，然后再执行相应的操作。

（1）继续上例操作，在"幻灯片"窗格中单击需要首选放映的幻灯片，如图 15-2-3 所示。

图 15-2-3

（2）切换到"幻灯片放映"选项卡，单击"开始放映幻灯片"选项组中的"从当前幻灯片开始"选项卡，单击"开始放映幻灯片"选项组中的"从当前幻灯片开始"按钮，如图 15-2-4 所示，程序就会从上一步选择的幻灯片开始放映演示文稿。

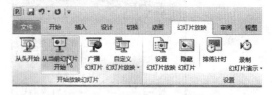

图 15-2-4

15.2.2　自定义幻灯片放映

在自定义幻灯片放映时，可根据需要选择要放映的幻灯片，可跳跃选择，也可以对幻灯片的放映顺序重新进行排列，并可以对此次放映进行命名。

（1）打开"英语天地5.pptx"文件，切换到"幻灯片放映"选项卡，单击"开始放映幻灯片"选项组中的"自定义幻灯片放映"按钮，在展开的下拉列表中单击"自定义放映"选项，如图 15-2-5 所示。

图 15-2-5

图 15-2-6

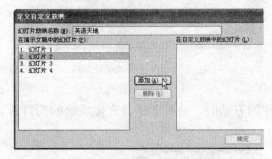

图 15-2-7

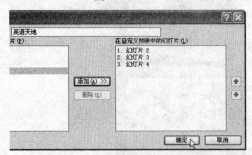

图 15-2-8

图 15-2-9

（2）弹出"自定义放映"对话框，单击"新建"按钮，如图 15-2-6 所示。

（3）弹出"定义自定义放映"对话框，在"幻灯片放映名称"文本框中输入需要定义的名称，然后在"在演示文稿中的幻灯片"列表框中选择需要放映的幻灯片，最后单击"添加"按钮，如图 15-2-7 所示，按照同样的操作，添加演示文稿中其余需要放映的幻灯片。

（4）将需要放映的幻灯片选择完毕后，单击"确定"按钮，如图 15-2-8 所示。

（5）返回"自定义放映"对话框，在"自定义放映"列表框中可以看到定义的内容，需要放映时，单击"放映"按钮，如图 15-2-9 所示。

（6）经过以上操作，就开始对定义的幻灯片执行放映操作。

15.2.3 放映排列计时

为演示文稿录制了幻灯片演示文稿后，也就等于制作了排练计时，PowerPoint 会自动为演示文稿应用排练计时。如果演示文稿中已录制了幻灯片演示，却没有使用，可按以下步骤放映排练计时。

图 15-2-10

（1）打开"英语天地6.pptx"文件，切换到"幻灯片放映"选项卡，勾选"设置"选项组中的"使用计时"复选框，如图 15-2-10 所示。

（2）选择了"使用计时"播放幻灯片后，单击"开始放映幻灯片"选项组中的"从头开始"按钮，如图 15-2-11 所示，程序就会使用排练计时对演示文稿进行放映。

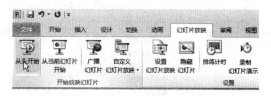

图 15-2-11

15.3　放映时编辑幻灯片

在放映幻灯片时如果需要查看其他幻灯片、对幻灯片进行标记或是更改屏幕颜色，可直接在放映幻灯片的过程中进行编辑

15.3.1　定位幻灯片

在放映幻灯片时，需要查看演示文稿中的某一特定幻灯片时，可通过定位幻灯片完成操作。

（1）打开"英语天地7.pptx"文件，对文稿进行放映，将光标指向画面左下角，单击鼠标右键，在弹出的菜单中单击"定位至幻灯片→幻灯片2"命令，如图 15-3-1 所示。

图 15-3-1

（2）经过以上操作，屏幕中就会显示出文稿中的第2张幻灯片，如图15-3-2所示。

图 15-3-2

15.3.2　使用墨迹对幻灯片进行标记

在放映幻灯片时，需要对幻灯片进行讲解时，可以直接使用墨迹对幻灯片中的内容进行标记，标记完毕后，可以根据需要，决定是否将标记的内容保存。

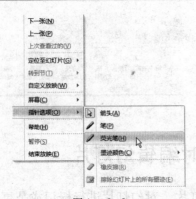

图 15-3-3

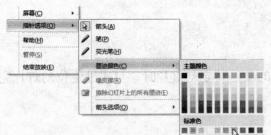

图 15-3-4

（1）打开"英语天地8.pptx"文件，对文稿进行播放，在画面上右键鼠标，在弹出的菜单中选择"指针选项→荧光笔"命令，如图 15-3-3 所示。

（2）选择了荧光笔类型后，再次单击"指针选项"按钮，在弹出的菜单中将鼠标指向"墨迹颜色"命令，弹出颜色列表，单击"标准色"组中的"浅蓝"图标，如图 15-3-4 所示。

（3）选择了标记用的笔以及笔的颜色后，在播放幻灯片的过程中，需要对内容进行标记时，拖动鼠标，进行圈释。

（4）需要更改标记所用的笔时，再次单击"指针选项"按钮，在弹出的菜单中执行"笔"命令。

图 15-3-5

（5）将文稿标记完毕后，继续对幻灯片进行放映，结束放映时，会弹出 Microsoft PowerPoint 提示框，询问用户是否保留墨迹注释，单击"保留"按钮，如图 15-3-5 所示。

（6）经过以上操作，就完成了为幻灯片进行标记的操作，返回普通视图中，在幻灯片中即可看到标记的效果，如图 15-3-6 所示。

图 15-3-6

15.4　共享演示文稿

演示文稿制作完毕后，为了能够与更多的人一起分享，可通过使用创建讲义、打包为 CD 或创建为视频文件的方式达到共享的目的。

15.4.1　将演示文稿创建为讲义

讲义一般指文章的总体概述内容，在 PowerPoint 2010 中，为了方便演示文稿的讲解，可将演示文稿直接创建为讲义，操作步骤如下：

（1）打开"英语天地 9.pptx"文件，执行"文件→保存并发送→创建讲义"命令，弹出级联菜单后，单击"创建讲义"按钮，如图 15-4-1 所示。

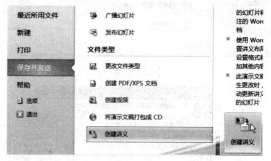

图 15-4-1

（2）弹出"发送到 Microsoft Word"对话框，在"Microsoft Word 使用的版式"选项组中选中"空行在幻灯片旁"单选按钮，然后单击"确定"按钮，如图 15-4-2 所示。

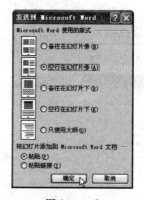

图 15-4-2

（3）经过以上操作，弹出一个 Microsoft Word 窗口，其中显示出创建的讲义效果，如图 15-4-3 所示。

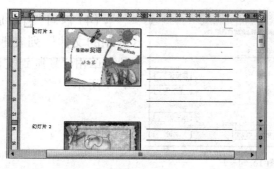

图 15-4-3

15.4.2　将演示文稿打包成 CD

当用户需要将演示文稿刻录成 CD 时，可以先将需要刻录的文稿打包保存到电脑中，需要时，再将打包的文件刻录到光盘中，轻松实现文稿从电脑到 CD 的转换。

图 15-4-4

(1) 打开"英语天地 10.pptx"文件，执行"文件→保存并发送→将演示文稿打包成 CD"命令，弹出级联菜单，单击"打包成 CD"按钮，如图 15-4-4 所示。

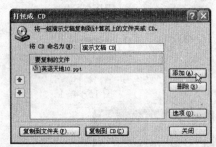

图 15-4-5

(2) 弹出"打包成 CD"对话框，在"将 CD 命名为"文本框内输入需要创建的文件名称，然后单击"添加"按钮，如图 15-4-5 所示。

图 15-4-6

(3) 弹出"添加文件"对话框，进入需要打包的文稿所在路径后，选中需要打包的文稿图标，如图 15-4-6 所示，然后单击中"添加"按钮。

图 15-4-7

(4) 返回"打包成 CD"对话框，在"要复制的文件"列表框内可以看到添加的文件，单击"复制到文件夹"按钮，如图 15-4-7 所示。

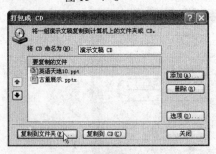

图 15-4-8

(5) 弹出"复制到文件夹"对话框，程序将打包的文件默认保存在 C 盘下，需要更改保存位置时，单击"位置"文本框右侧的"浏览"按钮，如图 15-4-8 所示。

（6）弹出"选择位置"对话框，将打包的文件需要保存的位置选择好后，单击"选择"按钮，如图 15-4-9 所示，返回"复制到文件夹"对话框，单击"确定"按钮。

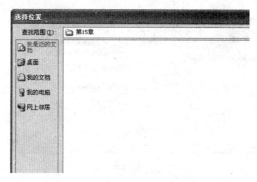

图 15-4-9

（7）弹出 Microsoft Word 提示框，提示用户选择打包的演示文稿中有链接，询问用户是否要在包中包含链接文件，单击"是"按钮，如图 15-4-10 所示。

图 15-4-10

（8）打包完毕后，弹出打包的文件夹，在其中可以看到 CD 包中的相关内容，如图 15-4-11 所示，最后关闭"打包成 CD"对话框即可完成操作。

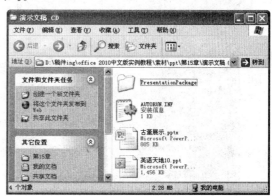

图 15-4-11

15.4.3　将演示文稿创建为视频

为了使演示文稿能够在更多的媒体文件中播放，在幻灯片制作完成后可以将其创建为视频文件，在 PowerPoint 2010 中可以创建 WMV 格式的视频。

（1）打开"水晶饰品展示.pptx"文件，执行"文件→保存并发送→创建视频"命令，如图 15-4-12 所示。在级联菜单中的"放映每张幻灯片的秒数"数值框内输入数值。

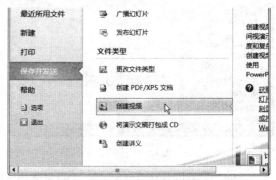

图 15-4-12

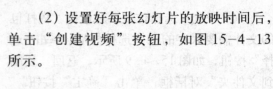

（2）设置好每张幻灯片的放映时间后，单击"创建视频"按钮，如图 15-4-13 所示。

图 15-4-13

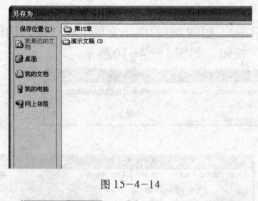

（3）弹出"另存为"对话框，设置好视频文件的保存路径，在"文件名"文本框中输入视频文件的保存名称，单击"保存"按钮，如图 15-4-14 所示。

图 15-4-14

（4）设置了文件的保存路径后，程序就开始创建视频文件，在演示文稿下方显示出创建的进度，如图 15-4-15 所示。

图 15-4-15

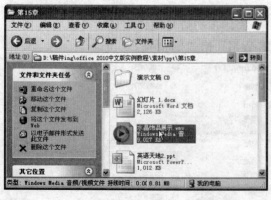

（5）视频文件创建完毕后，通过"我的电脑"窗口进入视频文件保存的路径，就可以看到创建的文件，如图 15-4-16 所示。

图 15-4-16

（6）双击创建的视频文件，即可对其进行播放。

15.5　实例——放映"护肤产品"演示文稿

（1）打开"护肤产品.pptx"文件，按住 Ctrl 键，在"幻灯片"窗格中分别选择第 2、第 3 和第 7 张幻灯片，在选择区域内单击鼠标右键，在弹出的快捷菜单中选择"隐藏幻灯片"命令，如图 15-5-1 所示。

图 15-5-1

（2）这时即可将第 2、第 3 和第 7 张幻灯片隐藏，隐藏后的幻灯片其左上角将显示隐藏标记，其效果如图 15-5-2 所示。

图 15-5-2

（3）按 F5 键放映幻灯片，当放映完第 1 张幻灯片后，单击鼠标将直接放映第 4 张幻灯片，如图 15-5-3 所示，继续单击鼠标放映完所有幻灯片。

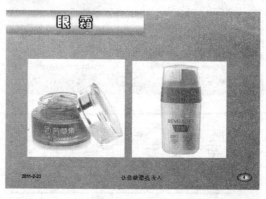

图 15-5-3

（4）回到普通视图中，单击"幻灯片放映"选项卡，单击"设置"组中的"设置幻灯片放映"选项，如图 15-5-4 所示。

图 15-5-4

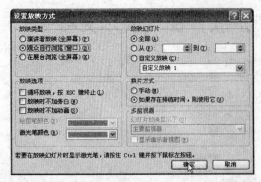

图 15-5-5

图 15-5-6

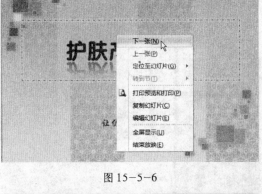

图 15-5-7

图 15-5-8

（5）在打开"设置放映方式"对话框的"放映类型"栏中选中"观众自行浏览（窗口）单选按钮，单击"确定"按钮，如图15-5-5所示。

（6）按F5键放映幻灯片，幻灯片将以"观众自行浏览"方式进行放映，在幻灯片区域内单击鼠标右键，在弹出的快捷菜单中选择"下一张"命令，如图15-5-6所示。

（7）窗口中将放映下一张幻灯片，在幻灯片区域内单击鼠标右键，在弹出的快捷菜单中选择"全屏显示"命令，如图15-5-7所示。

（8）幻灯片将以全屏方式进行放映，此时单击鼠标可切换幻灯片。

（9）放映完幻灯片回到普通视图中，在"幻灯片"窗格中选择隐藏的幻灯片，单击"幻灯片放映"选项卡"设置"组中的"隐藏幻灯片"按钮，可显示被隐藏的幻灯片，如图15-5-8所示。

15.6 小 结

本章主要讲解了幻灯片的放映与共享，通过本章的学习，读者应能结合本章所学知识对幻灯片的放映进行设置，然后再将其共享给远方的朋友或同事。

15.7　习　题

填空题

（1）录制时可以从_____，也可以从_____开始录制。

（2）幻灯片的放映方式设置，包括对_____、_____、_____以及_____等内容的设置。

（3）放映幻灯片主要有3种方式，包括_____、_____以及_____，用户可根据需要选择适当的放映方式。

简答题

（1）什么是从头开始录制幻灯片？

（2）可以通过哪几种方法共享演示文稿？

操作题

（1）打开"美食节.pptx"文件，如图15-7-1所示。将第1张幻灯片隐藏起来，然后放映幻灯片，并在放映的过程中查看隐藏的第1张幻灯片。

图 15-7-1

操作提示：

①在"大纲／幻灯片"窗格中选择需隐藏的多张幻灯片，选择"放映幻灯片→隐藏幻灯片"命令同时隐藏。

②放映隐藏的第1张幻灯片。

（2）继续上例操作，将幻灯片设置为自定义放映效果，然后放映幻灯片。

操作提示：

①在"定义自定义放映"对话框中选择所需的6张幻灯片，并进行命名。

②打开"设置放映方式"对话框，选中"自定义放映"单选项，并进行放映。

第16章 综 合 实 例

本章学习目标:
- 制作诗词赏析
- 制作玩具销售统计表
- 制作手机挂饰产品展示

16.1 制作诗词卡片

(1) 启动 Word 2010,单击"文件"按钮,在展开的菜单中单击"新建"命令。

(2) 在展开的下拉列表中双击"空白文档"选项,即可创建空白文档,如图16-1-1所示。

图16-1-1

(3) 在新建文档中单击"文件"按钮,在展开的下拉菜单中选择"保存"命令。

(4) 打开"另存为"对话框,在"保存位置"下拉列表框中选择文档的保存位置,在"文件名"文本框中输入文档名称"采莲曲"。

(5) 在"保存类型"下拉列表框中选择文件保存类型,单击"保存"按钮将文档"采莲曲"保存,如图16-1-2所示。

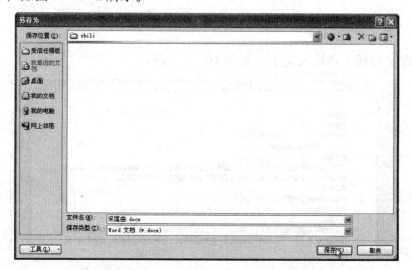

图16-1-2

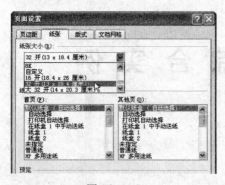

图 16-1-3

（6）选择"页面布局"选项卡，在"页面设置"组中单击"对话框启动器"按钮，打开"页面设置"对话框。

（7）选择"纸张"选项卡，在"纸张大小"下拉列表框中选择"32 开"，如图 16-1-3 所示。

图 16-1-4

（8）选择"页边距"选项卡，在"页边距"组中的"上"、"下"、"左"、"右"数值框中分别输入"1.5 厘米"；在"纸张方向"组中单击"横向"选项，如图 16-1-4 所示。

（9）单击"确定"按钮，设置页面格式完成，如图 16-1-5 所示。

图 16-1-5

（10）在文档插入点输入文字，如图 16-1-6 所示。

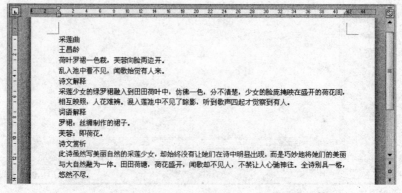

图 16-1-6

（11）选择标题文本"采莲曲"，设置字体为"黑体"，字号为"小三"，字体颜色为"黑色"。

（12）设置"王昌龄"文本字体为"宋体"，字号为"五号"，字形为"加粗"，字体颜色为"浅蓝"，如图 16-1-7 所示。

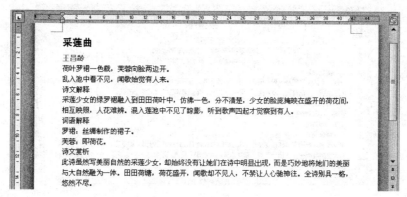

图 16-1-7

（13）选择第 1～4 行，单击"段落"组中的"居中"按钮，使文本居中，如图 16-1-8 所示。

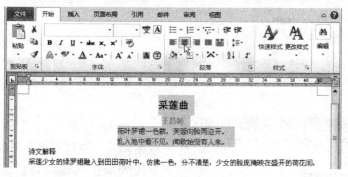

图 16-1-8

（14）设置"诗文解释"文本格式为"宋体"、"五号"、"加粗"，单击"段落"组中"项目符号"下拉按钮，在弹出的下拉列表中单击所需的符号，如图 16-1-9 所示。

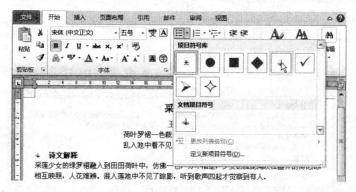

图 16-1-9

（15）选择"诗文解释"文本，单击"格式刷"按钮。

（16）此时鼠标指针变为刷子形状，拖动鼠标选定需要设置格式的"词语解释"，释放鼠标左键后，刚选定的文本即应用了与"诗文解释"文本相同的格式。

（17）使用相同的方法将"诗文赏析"文本设置成前述的格式，如图16-1-10所示。

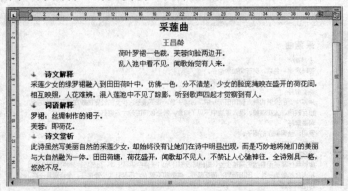

图 16-1-10

（18）选择如图16-1-11所示的文本，单击"段落"组中的"对话框启动器"按钮。

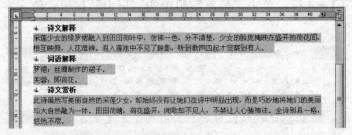

图 16-1-11

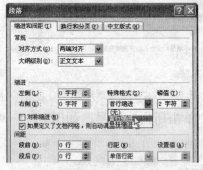

图 16-1-12

（19）打开"段落"对话框，在"缩进"组中单击"特殊格式"下拉按钮，在弹出的下拉列表中选择"首行缩进"选项，如图16-1-12所示。

（20）单击"确定"按钮，应用设置后的文本效果如图16-1-13所示。

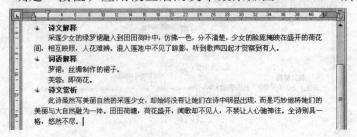

图 16-1-13

（21）将文本插入点定位到"采莲曲"文本前，选择"插入"选项卡，单击"插图"组中的"图片"按钮，如图 16-1-14 所示。

图 16-1-14

（22）在打开的"插入图片"对话框中单击想要插入的图片，单击"插入"按钮，如图 16-1-15 所示。

图 16-1-15

（23）将图片插入到文档中，选择"格式"选项卡，单击"大小"组中的"对话框启动器"按钮，如图 16-1-16 所示。

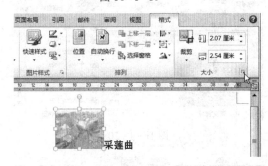

图 16-1-16

（24）打开"布局"对话框中的"大小"选项卡，勾选"锁定纵横比"和"相对原始图片大小"复选框，在"缩放比例"选项区域中的"高度"和"宽度"数值框中将高度和宽度都改为"150%"，如图 16-1-17所示。

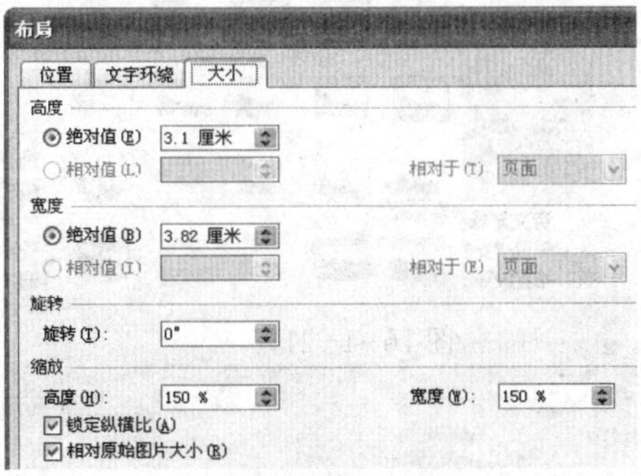

图 16-1-17

图 16-1-18

（25）单击"排列"组中的"位置"按钮，在弹出的下拉列表的"文字环绕"组中选择第一个选项"顶端居左"，如图 16-1-18 所示。

图 16-1-19

（26）单击"排列"栏中的"旋转"按钮，在弹出的下拉列表中选择"水平翻转"选项，如图 16-1-19 所示。

图 16-1-20

（27）单击"排列"组中的"自动换行"按钮，在弹出的下拉列表中选择"紧密型环绕"选项，如图 16-1-20 所示。

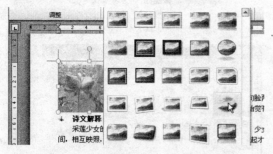

图 16-1-21

（28）单击"图片样式"选项组的快翻按钮，在展开的图片库中单击需要应用的样式图标，如图 16-1-21 所示。

（29）将文本插入点定位到如图16-1-22所示的位置处，选择"插入"选项卡，单击"插图"组中的"形状"下拉按钮，在弹出的下拉菜单中选择"直线"选项。

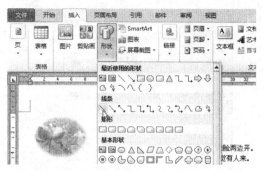

图16-1-22

（30）在文本插入点处绘制直线图形，右击鼠标，在弹出的快捷菜单中选择"设置形状格式"选项。

（31）打开"设置形状格式"对话框，在"线型"选项标签，单击"短线型类型"按钮，在展开的线形中单击"划线-点"选项，如图16-1-23所示。

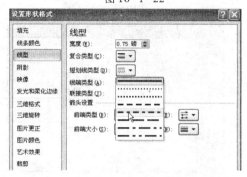

图16-1-23

（32）选择"页面布局"选项卡，在"页面背景"栏中单击"页面边框"按钮，在打开的"边框和底纹"对话框中，选择"方框"选项。在"艺术型"下拉列表框中选择心形边框样式，单击"确定"按钮关闭对话框，如图16-1-24所示。

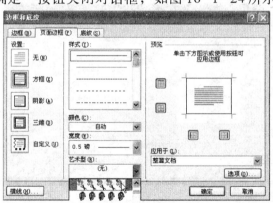

图16-1-24

（33）单击"页面颜色"按钮，在弹出的下拉列表中选择"紫色"选项。

（34）单击"页面背景"选项组中的"水印"按钮，在展开的水印库中单击"自定义水印"选项，弹出"水印"对话框，选中"图片水印"单选按钮，然后单击"选择图片"按钮，如图16-1-25所示。

图16-1-25

图 16-1-26

（35）弹出"插入图片"对话框，在目标图片所在的文件夹中单击需要使用的图片，然后单击"插入"按钮，如图 16-1-26 所示。

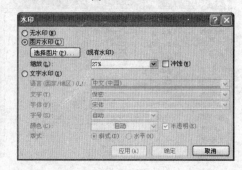

图 16-1-27

（36）返回"水印"对话框，根据图片大小在"缩放"数值框中输入图片的缩放比例，然后取消勾选"冲蚀"复选框，最后单击"确定"按钮，如图 16-1-27 所示。

（37）此时诗词赏析已全部制作完成，返回文档中可以看到制作后的最终效果，如图 16-1-28 所示。

图 16-1-28

16.2 制作销售统计表

（1）启动 Excel 2010，单击"文件"按钮，在弹出的菜单中选择"保存"命令。

（2）打开"另存为"对话框，在"保存位置"下拉列表框中选择文档的存放位置，在"文件名"文本框中输入"玩具销售统计表"，单击"保存"按钮，保存新建工作簿，如图 16-2-1 所示。

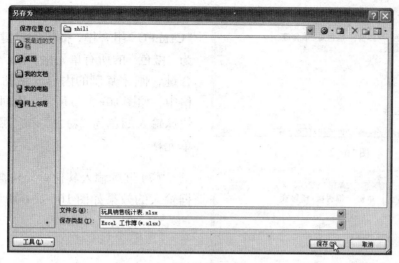

图 16-2-1

（3）在 Sheet1 工作表的 A1:E1 单元格中依次输入"玩具名称"、"颜色"、"单价"、"销售量"、"销售额"，如图 16-2-2 所示。

图 16-2-2

（4）选择 A1:E1 单元格区域，在"开始"选项卡的"字体"组中，单击"加粗"按钮，在"字号"下拉列表框中选择 14；在"对齐方式"组中，单击"居中"按钮；完成后效果如图 16-2-3 所示。

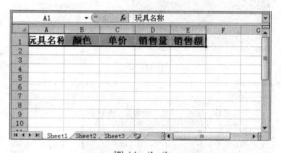

图 16-2-3

（5）在 A2:A10 单元格区域中输入玩具名称，如图 16-2-4 所示。

图 16-2-4

图 16-2-5

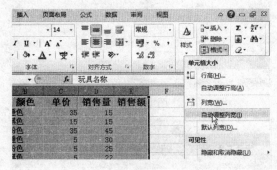

图 16-2-6

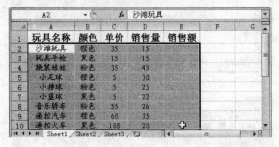

图 16-2-7

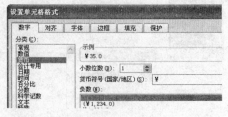

图 16-2-8

设置单元格格式对话框

图 16-2-9

（6）在 B2 单元格中输入"橙色"，按"Ctrl+C"组合键，按住 Ctrl 键选择颜色应为"橙色"的所有单元格。按"Ctrl+V"组合键，刚才复制的内容就粘贴到所选单元格中，如图 16-2-5 所示。用同样的方法可快速输入颜色为"粉色"和"黑色"的所有单元格。

（7）继续输入其他单元格数据，完成数据输入的效果如图 16-2-6 所示。

（8）选择 A、B、C、D、E 列，在"开始"选项卡的"单元格"组中，单击"自动调整列宽"选项，如图 16-2-7 所示，即可调整各列的列宽。

（9）选择 A2：A10 单元格区域，在"开始"选项卡的"字体"组中的"字体"下拉列表框中选择"楷体_GB2312"选项，在"字号"下拉列表框中选择 12；在"对齐方式"组中单击"居中"按钮，效果如图 16-2-8 所示。

（10）选择 C 列和 E 列，单击"数字"选项组的对话框启动器，弹出"设置单元格格式"对话框，在"分类"列表框中单击"货币"选项，在"小数位数"数值框中输入 1，在"负数"列表框中选择需要的形式选项，如图 16-2-9 所示。

（11）此时选中单元格的数据显示为货币形式，并为其添加一位小数，如图16-2-10所示。

图16-2-10

（12）选择A1:E10单元格区域，在"开始"选项卡的"单元格"组中单击"格式"按钮，在弹出的菜单中选择"设置单元格格式"命令，如图16-2-11所示。

图16-2-11

（13）打开"设置单元格格式"对话框，选择"边框"选项卡，在"线条"选项区的"样式"列表框中选择第7种线条样式，在"预置"选项区中单击"外边框"按钮，如图16-2-12所示。

（14）在"线条"选项区的"样式"列表框中选择第10种线条样式，在"预置"选项区中单击"内边框"按钮，单击"确定"按钮，如图16-2-13所示。

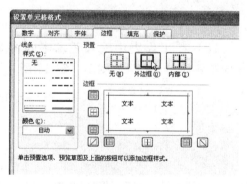

图16-2-12

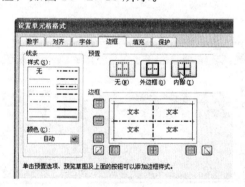

图16-2-13

（15）选择A1:E1单元格区域，单击"字体"组中"填充颜色"按钮，在弹出的颜色列表中选择"橙色"，使用相同的方法，为A2:E10单元格区域填充颜色为"黄色"，为表格添加边框和底纹，效果如图16-2-14所示。

图16-2-14

（16）选择第1行，单击鼠标右键，在弹出的菜单中选择"插入"选项，即可在标题所在行上方插入一行。

图16-2-15

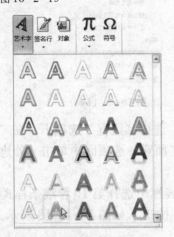

图16-2-16

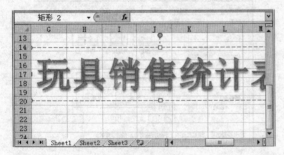

图16-2-17

图16-2-18

（17）选择A1:E1单元格区域，单击"开始"选项卡"对齐方式"组中的"合并后居中"按钮，效果如图16-2-15所示。

（18）选择"插入"选项卡，在"文本"组中单击"艺术字"按钮，在弹出的"艺术字"菜单中选择需要的样式，如图16-2-16所示。

（19）在工作表中输入艺术字内容为"玩具销售统计表"，如图16-2-17所示。

（20）选择插入的艺术字，在"开始"选项卡"字体"组中，设置字号为24。

（21）调整第1行的行高，拖动艺术字至第1行位置处，如图16-2-18所示。

（22）选择 E3 单元格，在该单元格中输入公式"=C3*D3"，按 Enter 键即可在单元格中计算出结果。查看输入公式后的 E3 单元格，在编辑栏中显示出该单元格的公式，如图 16-2-19 所示。

（23）选择 E3 单元格，将鼠标指针移到单元格右下角，鼠标指针呈现十字形状时，按住鼠标左键拖动到 E11 单元格，释放鼠标左键，自动显示其计算结果，如图 16-2-20 所示。

图 16-2-19

图 16-2-20

（24）单击选择 E2 单元格，单击"数据"选项卡的"排序和筛选"组中的"降序"按钮，销售额从高到低进行排序，如图 16-2-21 所示。

图 16-2-21

（25）选择"A2:E11"单元格区域，选择"插入-图表"组，单击柱形图按钮，在弹出的下拉菜单中选择"簇状圆柱图"选项，如图 16-2-22 所示。

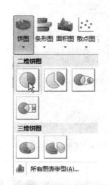

图 16-2-22

（26）选择样式后，即可根据选择的数据表在当前的工作表中生成对应的图表，玩具销量统计表制作完成，最终效果如图 16-2-23 所示。

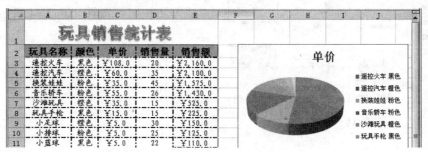

图 16-2-23

16.3 制作"产品展示"演示文稿

图 16-3-1

（1）启动 PowerPoint 2010，程序自动新建一个空白演示文稿，将其以"产品展示"为名进行保存。单击"设计"选项卡，单击"主题"组列表框中的下拉按钮，在弹出的下拉列表框中选择"波形"选项，如图16-3-1所示。

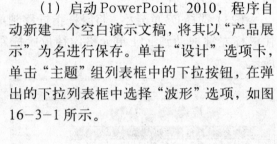

图 16-3-2

（2）单击"视图"选项卡，单击"母版视图"选项组中的"幻灯片母版"按钮，如图16-3-2所示。

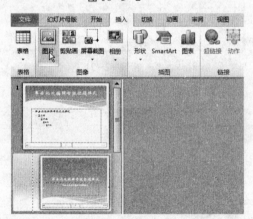

图 16-3-3

（3）进入母版视图，在左侧窗格中选择第2张幻灯片，即标题幻灯片母版。单击"插入"选项卡，单击"插图"组中的"图片"按钮，如图16-3-3所示。

图 16-3-4

（4）在打开的"插入图片"对话框的"查找范围"下拉列表框中选择图片的保存位置，在中间列表框中选择图片，最后单击"插入"按钮，如图16-3-4所示。

（5）在"图片工具－格式"选项卡中单击"调整"组中的"删除背景"按钮，如图16-3-5所示。

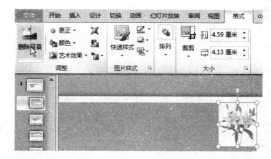

图 16-3-5

（6）执行删除背景操作后，向外拖动图片左上角的控制手柄，将选框调整到最大化。

（7）设置图片背景的删除范围后，单击"背景清除"选项卡下的"保留更改"按钮，如图16-3-6所示。

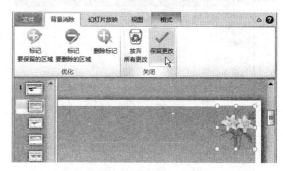

图 16-3-6

（8）删除图片背景，然后缩小图片并将其移动至幻灯片的右上角，退出母版视图，如图16-3-7所示。

图 16-3-7

（9）在标题幻灯片中输入标题文本与副标题文本，将标题文本字号大小设置为72磅，字体颜色设置为"深红"，如图16-3-8所示。

图 16-3-8

图 16-3-9

（10）新建第2张幻灯片，在其中输入标题文本，设置其字号为54磅，字体颜色为深蓝，输入正文文本，设置其字号为20磅，单击"插入"选项卡，单击"插图"组中的"图片"按钮，如图16-3-9所示。

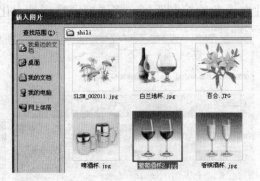

图 16-3-10

（11）通过打开的"插入图片"对话框插入图片，如图16-3-10所示。

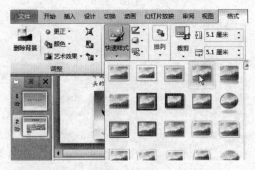

图 16-3-11

（12）缩小图片，将其移动至幻灯片的下部，在"图片工具－格式"选项卡的"图片样式"组中为其应用图片样式，如图16-3-11所示。

图 16-3-12

（13）使用相同的方法插入其他图片并应用图片样式，如图16-3-12所示。

（14）使用同样的方法制作第3和第4张幻灯片，设置与第2张幻灯片相同的标题文本格式和正文格式，如图16-3-13所示。

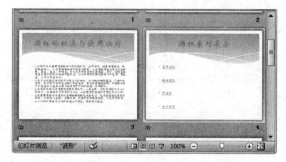

图16-3-13

（15）新建第5至第8张幻灯片，在"大纲"窗格中输入幻灯片标题，选择第5张幻灯片，单击占位符中的"图片"按钮。

（16）在打开的对话框中选择需要插入的图片，单击"插入"按钮，如图16-3-14所示。

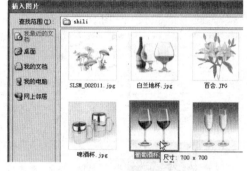

图16-3-14

（17）选择插入的图片并设置其图片样式为"简单框架 白色"，如图16-3-15所示。

图16 3 15

（18）使用同样的方法在第6至第8张幻灯片中插入图片，为图片应用图片样式并调整图片在幻灯片中的位置，如图16-3-16所示。

图16-3-16

图 16-3-17

（19）新建样式为"空白"的第9张幻灯片，单击"插入"选项卡，单击"文本"组中的"艺术字"按钮，在弹出的下拉列表中选择艺术字样式，如图16-3-17所示。

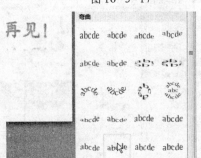

图 16-3-18

（20）输入艺术字"谢谢您的观赏，再见！"文本，选艺术字，单击"绘图工具－格式"选项卡，单击"艺术字样式"组中的"文本效果"按钮，在弹出的下拉列表中选择"转换"选项，在弹出的下级列表中选择"波形2"选项，如图16-3-18所示。

图 16-3-19

（21）选择第4张幻灯片，选择其中的"葡萄酒杯"文本，单击"插入"选项卡，单击"链接"组中的"超链接"按钮，如图16-3-19所示。

（22）在打开的"插入超链接"对话框中将选择的文本链接到第5张幻灯片，如图16-3-20所示。

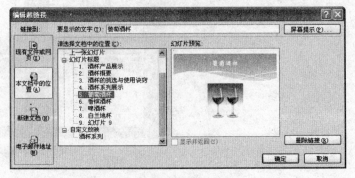

图 16-3-20

（23）使用相同的方法将第4张幻灯片中其他正文文本链接到相应的幻灯片，添加超链接后的文本效果如图16-3-21所示。

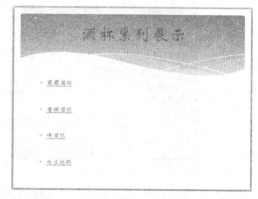

图 16-3-21

（24）单击"切换"选项卡，在"切换到此幻灯片"组中的所有幻灯片添加"华丽型-库"切换方式和"箭头"切换声音，如图16-3-22所示。

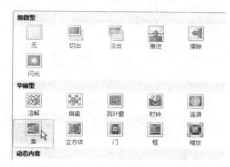

图 16-3-22

（25）选择第1张幻灯片中的标题文本框，选择"动画"选项卡，单击"添加效果"按钮，在弹出的下拉列表中选择"更多进入效果"选项，如图16-3-23所示。

图 16-3-23

（26）打开"添加进入效果"对话框，选择"华丽型-空翻"选项，单击"确定"按钮，如图16-3-24所示。

图 16-3-24

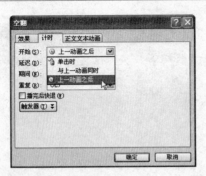

图 16-3-25

（27）单击"动画"选项卡"动画"组中的启动器按钮，打开"空翻"对话框，单击"计时"选项卡，在"开始"下拉列表中选择"与上一动画之后"选项，如图16-3-25所示。

（28）使用相同的方法为演示文稿中其他幻灯片中的对象添加合适的动画效果，完成后关闭"空翻"对话框。

图 16-3-26

（29）单击"幻灯片放映"选项卡，单击"开始放映幻灯片"组中的"自定义放映"按钮，在弹出的菜单中选择"自定义放映"命令，如图16-3-26所示。

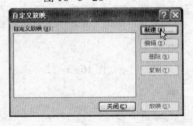

图 16-3-27

（30）在打开的"自定义放映"对话框中单击"新建"按钮，如图16-3-27所示。

（31）在打开的"定义自定义放映"对话框文本框中输入"酒杯系列"文本，在左侧的列表框中选择第4至第8张幻灯片，然后单击"添加"按钮，单击"确定"按钮，如图16-3-28所示。

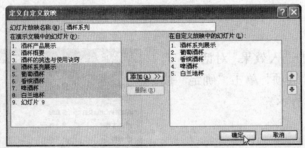

图 16-3-28

图 16-3-29

（32）返回"自定义放映"对话框，单击"关闭"按钮，如图16-3-29所示。

（33）按F5键放映幻灯片，单击鼠标左键放映完第1张幻灯片中的动画效果后，再单击鼠标右键，在弹出的快捷菜单中选择"自定义放映→酒杯系列"命令，如图16-3-30所示。

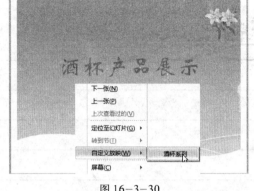

图16-3-30

（34）程序将放映"酒杯系列"自定义放映方案中的幻灯片，将鼠标指针移动至幻灯片中的超链接上时，鼠标指针将变为手形状，单击即可切换至相应的幻灯片，如图16-3-31所示。

图16-3-31

读书笔记

附录 1　Word 常用快捷键

命　令	快　捷　键
使字符变为粗体	Ctrl+B
使字符变为斜体	Ctrl+I
为字符添加下划线	Ctrl+U
复制所选文本或对象	Ctrl+C
剪切所选文本或对象	Ctrl+X
粘贴文本或对象	Ctrl+V
撤销上一操作	Ctrl+Z
重复上一操作	Ctrl+Y
改变字体	Ctrl+Shift+F
改变字号	Ctrl+Shift+P
增大字号	Ctrl+Shift+>
减小字号	Ctrl+Shift+<
逐磅增大字号	Ctrl+]
逐磅减小字号	Ctrl+[
改变字符格式	Ctrl+D
切换字母大小写	Shift+F3
将所选字母设为大写	Ctrl+Shift+A
只给字、词加下划线，不给空格加下划线	Ctrl+Shift+W
应用隐藏文字格式	Ctrl+Shift+H
将字母变为小型大写字母	Ctrl+Shift+K
应用下标格式（自动间距）	Ctrl+=（等号）
应用上标格式（自动间距）	Ctrl+Shift++（加号）
取消人工设置的字符格式	Ctrl+Shift+Z
将所选部分设为Symbol字体	Ctrl+Shift+Q
显示非打印字符	Ctrl+Shift+*（星号）
需查看文字格式了解其格式的文字	Shift+F1（单击）
复制格式	Ctrl+Shift+C
粘贴格式	Ctrl+Shift+V

命 令	快 捷 键
单倍行距	Ctrl+1
双倍行距	Ctrl+2
1.5 倍行距	Ctrl+5
在段前添加一行间距	Ctrl+0
段落居中	Ctrl+E
两端对齐	Ctrl+J
左对齐	Ctrl+L
右对齐	Ctrl+R
分散对齐	Ctrl+Shift+J
左侧段落缩进	Ctrl+M
取消左侧段落缩进	Ctrl+Shift+M
创建悬挂缩进	Ctrl+T
减小悬挂缩进量	Ctrl+Shift+T
取消段落格式	Ctrl+Q
应用样式	Ctrl+Shift+S
启动"自动套用格式"	Alt+Ctrl+K
应用"正文"样式	Ctrl+Shift+N
应用"标题1"样式	Alt+Ctrl+1
应用"标题2"样式	Alt+Ctrl+2
应用"标题3"样式	Alt+Ctrl+3
应用"列表"样式	Ctrl+Shift+L
删除左侧的一个字符	Backspace
删除左侧的一个单词	Ctrl+Backspace
删除右侧的一个字符	Delete
删除右侧的一个单词	Ctrl+Delete
移动选取的文字	F2（移动到插入点，然后按Enter键）
插入空域	Ctrl+F9
换行符	Shift+Enter
分页符	Ctrl+Enter
列分隔符	Ctrl+Shift+Enter
版权符号	Alt+Ctrl+C
注册商标符号	Alt+Ctrl+R

命 令	快 捷 键
商标符号	Alt+Ctrl+T
省略号	Alt+Ctrl+.（句点）
创建新文档	Ctrl+N
打开文档	Ctrl+O
关闭文档	Ctrl+W
拆分文档窗口	Alt+Ctrl+S
撤销拆分文档窗口	Alt+Shift+C
保存文档	Ctrl+S
查找文字、格式和特殊项	Ctrl+F
在关闭"查找和替换"窗口之后重复查找	Alt+Ctrl+Y
替换文字、特殊格式和特殊项	Ctrl+H
定位至页、书签、脚注、图形或其他位置	Ctrl+G
返回至页、书签、脚注、图形或其他位置	Alt+Ctrl+Z
浏览文档	Alt+Ctrl+Home
取消操作	Esc
切换到页面视图	Alt+Ctrl+P
切换到大纲视图	Alt+Ctrl+O
切换到普通视图	Alt+Ctrl+N
插入批注	Alt+Ctrl+M
定位至批注开始	Home
打开或关闭标记修订功能	Ctrl+Shift+E
定位至批注结尾	End
定位至一组批注的起始处	Ctrl+Home
定位至一组批注的结尾处	Ctrl+End
标记目录项	Alt+Shift+O
标记引文目录项	Alt+Shift+I
标记索引项	Alt+Shift+X
插入脚注	Alt+Ctrl+F
插入尾注	Alt+Ctrl+E
打印文档	Ctrl+P
显示"打开"对话框	Ctrl+F12
显示"另存为"对话框	F12

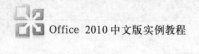

附录2　Excel 快捷键

命　令	快　捷　键
打开"样式"对话框	Alt+'
打开选择列表	Alt+↓
切换到"数据"菜单选项卡中	Alt+A
依次取消刚才的操作	Alt+Backspace
按Office按钮，展开下拉菜单	Alt+F
进入VBA编辑窗口	Alt+F11
打开"另存为"对话框	Alt+F2
退出Excel（可能有保存提示）	Alt+F4
打开"宏"对话框	Alt+F8
切换到"开始"菜单选项卡中	Alt+H
切换到"公式"菜单选项卡中	Alt+M
切换到"插入"菜单选项卡中	Alt+N
切换到"页面布局"菜单选项卡中	Alt+P
切换到"审阅"菜单选项卡中	Alt+R
插入空白工作表	Alt+Shift+F1
切换到"视图"菜单选项卡中	Alt+W
输入SUM函数	Alt+加号
执行"快速访问工具栏"中数字对应的按钮	Alt+数字键
显示用于插入删除单元格的"删除"对话框	Ctrl+－（减号）
输入当前系统日期	Ctrl+；（分号）
隐藏当前列（可以是多列）	Ctrl+0
打开"设置单元格格式"对话框	Ctrl+1
为字符设置加粗格式（再按一次取消）	Ctrl+2（Ctrl+B）
为字符设置倾斜格式（再按一次取消）	Ctrl+3（Ctrl+I）
为字符设置单下划线格式（再按一次取消）	Ctrl+4（Ctrl+U）
为字符设置单删除线格式（再按一次取消）	Ctrl+5
在隐藏对象、显示对象之间切换	Ctrl+6
隐藏/显示分级符号（必须设置分组功能）	Ctrl+8

命　令	快　捷　键
隐藏当前行（可以是多行）	Ctrl+9
选中整个数据单元格区域	Ctrl+A
执行复制操作	Ctrl+C
打开查找和替换对话框，定位到查找选项卡	Ctrl+F（Shift+F5）
隐藏/显示选项卡	Ctrl+F1
还原/最大化当前工作簿文档窗口	Ctrl+F10
新建一个宏工作表（Macro1）	Ctrl+F11
打开"打开"对话框	Ctrl+F12（Ctrl+O）
打印预览	Ctrl+F2
打开"名称管理器"对话框	Ctrl+F3
关闭当前工作簿文档（可能有保存提示）	Ctrl+F4（Ctrl+W）
还原当前工作簿文档窗口	Ctrl+F5
可以在不同工作簿窗口中切换	Ctrl+F6（Ctrl+Tab）
最小化当前工作簿文档窗口	Ctrl+F9
打开"定位"对话框	Ctrl+G（F5）
打开查找和替换对话框，定位到替换选项卡	Ctrl+H
打开"插入超链接"对话框	Ctrl+K
打开"创建表"对话框	Ctrl+L（Ctrl+T）
新建一空白工作簿文档	Ctrl+N
打开"打印内容"对话框	Ctrl+P
展开/折叠编辑栏	Ctrl+Shift+U
执行"保存"操作	Ctrl+S（Alt+1、Shift+F12）
设置带有两位小数的"数值"格式	Ctrl+Shift+!
设置带有日、月和年的"日期"格式	Ctrl+Shift+#
设置带有两位小数的"货币"格式	Ctrl+Shift+$
设置不带小数位的"百分比"格式	Ctrl+Shift+%
为选定单元格（区域）添加上外框	Ctrl+Shift+&
取消隐藏选定范围内所有隐藏的行	Ctrl+Shift+(
取消隐藏选定范围内所有隐藏的列	Ctrl+Shift+)
选择环绕活动单元格的当前区域	Ctrl+Shift+*
输入当前时间	Ctrl+Shift+：
设置带有小时和分钟"时间"格式	Ctrl+Shift+@

命　令	快捷键
设置带有两位小数的"指数"格式	Ctrl+Shift+^
清除选定单元格（区域）的外框	Ctrl+Shift+_
设置"常规"数字格式	Ctrl+Shift+~
显示用于插入空白单元格的"插入"对话框	Ctrl+Shift++（加号）
定位到单元格格式对话框的"字体"选项卡	Ctrl+Shift+F（Ctrl+Shift+P）
打开"打印内容"对话框	Ctrl+Shift+F12
打开"以选定区域创建名称"对话框	Ctrl+Shift+F3
移动到数据区域最后一列单元格中	Ctrl+Shift+F4
同时选中所有包含批注的单元格	Ctrl+Shift+O
扩大选定区域至数据区域边缘	Ctrl+Shift+方向键
选中整个工作表	Ctrl+Shift+空格键
执行"粘贴"操作（在复制操作后）	Ctrl+V
执行"剪切"操作	Ctrl+X
执行"恢复"操作（必须有恢复的可能）	Ctrl+Y（Alt+2）
执行"撤销"操作（必须有撤销的可能）	Ctrl+Z（Alt+3）
移动到连续数据区域的边缘	Ctrl+方向键
移至窗口右下角单元格	End
启动帮助	F1
显示快捷键	F10
以默认图表类型为选定数据区域建立图表	F11
打开"另存为"对话框	F12
进入单元格编辑状态	F2
打开"粘贴名称"对话框（定义了名称）	F3
重复上一次操作	F4
启动"拼写检查"功能	F7
启动"扩展式选定"功能	F8
重算整个工作簿文档	F9
移到行首单元格	Home
窗口下翻一屏	PageDown
窗口上翻一屏	PageUp
展开右键快捷菜单	Shift+F10
插入空白工作表	Shift+F11

命　令	快　捷　键
为选中的单元格添加批注	Shift+F2
打开"插入函数"对话框	Shift+F3
重复上一次查找操作	Shift+F4
定位到"查找"选项卡中	Shift+F5
展开"信息检索"任务窗格	Shift+F7
左移一个单元格	Shift+Tab
选中多个单元格区域	Shift+方向键
选中激活单元格所在行	Shift+空格键
右移一个单元格	Tab

附录 3   PowerPoint 快捷键

命　令	快捷键
新建演示文稿	Ctrl+N
打开演示文稿	Ctrl+O
保存演示文稿	Ctrl+S
打印演示文稿	Ctrl+P
撤销	Ctrl+Z
重复	Ctrl+Y
剪切	Ctrl+X
复制	Ctrl+C
粘贴	Ctrl+V
清除	Delete
全选	Ctrl+A
查找	Ctrl+F
替换	Ctrl+H
显示隐藏功能区	Ctrl+F1
新建幻灯片	Ctrl+M
超链接	Ctrl+K
显示/隐藏网格	Shift+F9
文本左对齐	Ctrl+L
居中对齐	Ctrl+E
右对齐	Ctrl+R
检查拼写	F7
同义词库	Shift+F7
信息检索	Alt+单击
宏	Alt+F8
从头开始放映幻灯片	F5
从当前幻灯片开始	Shift+F5
帮助功能	F1
加粗	Ctrl+B

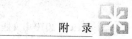

命 令	快 捷 键
倾斜	Ctrl+I
下划线	Ctrl+U
增大字号	Ctrl+Shift+>
减小字号	Ctrl+Shift+<
转换为绘图笔指针	Ctrl+P
转换为箭头指针	Ctrl+A
将指针更改为橡皮擦	Ctrl+E
隐藏指针和按钮	Ctrl+H
自动显示/隐藏箭头	Ctrl+U
"所有幻灯片"对话框	Ctrl+S
查看任务栏	Ctrl+T
显示/隐藏墨迹标记	Ctrl+M

附录4 售后服务

在购买教材后，若有疑问，可登录今日在线学习网站"www.todayonline.cn"，进入网站后，首页如图附4-1所示。

图附4-1

单击"学习论坛"，进入图附4-2所示的"今日在线学习网论坛"界面。

图附4-2

单击"注册",弹出图附 4-3 所示的界面,输入注册信息,全部输入完毕后,单击"提交"按钮。注册成功后进入论坛,将问题提交到"办公软件交流区"论坛上,我们将在一周之内予以回复。

图附 4-3